ANSYS 分析入门与上机应用

主　编　李磊
副主编　张丽　郭俊宏

天津大学出版社
TIANJIN UNIVERSITY PRESS

图书在版编目（CIP）数据

ANSYS 分析入门与上机应用 / 李磊主编 . — 天津：天津大学出版社，2018.6（2020.1重印）
ISBN 978-7-5618-6051-9

Ⅰ . ①A… Ⅱ . ①李… Ⅲ . ①有限元分析—应用软件
Ⅳ . ①O241.82-39

中国版本图书馆 CIP 数据核字（2018）第 006206 号

ANSYS FENXI RUMEN YU SHANGJI YINGYONG

出版发行	天津大学出版社
地　　址	天津市卫津路 92 号天津大学内（邮编：300072）
电　　话	发行部：022-27403647
网　　址	publish.tju.edu.cn
印　　刷	北京虎彩文化传播有限公司
经　　销	全国各地新华书店
开　　本	185mm×260mm
印　　张	10.25
字　　数	206 千
版　　次	2018 年 6 月第 1 版
印　　次	2020 年 1 月第 3 次
定　　价	27.00 元

凡购本书，如有缺页、倒页、脱页等质量问题，请与我社发行部联系调换
版权所有　侵权必究

前 言

以往介绍 ANSYS 应用实例的书籍，要么介绍得非常繁杂且内容较多，要么只给出命令流，或者只介绍某个局部模块，但是许多学生或学者没有那么多时间去理解里面的全部内容，而且有些案例较难，对于学习基础差的学生或学者不易掌握，造成其学习困难。为此，本书以 ANSYS 版本为平台，对 ANSYS 分析的基本思路、操作步骤、应用技巧进行了详细介绍，并结合典型应用实例详细讲述了 ANSYS 的具体工程应用方法，提高读者 GUI 界面操作能力。前 7 章为操作基础，介绍了 ANSYS 分析全流程的基本步骤和方法：第 1 章 ANSYS 主要功能与模块，第 2 章 ANSYS 界面介绍，第 3 章 ANSYS 分析过程与单元属性，第 4 章坐标系与工作平面，第 5 章实体建模与网格划分，第 6 章 ANSYS 加载与求解，第 7 章 ANSYS 结果后处理。第 8 章为综合实例，按不同的分析专题讲解了各种分析专题的参数设置方法与求解步骤。

本书适用于 ANSYS 软件的初、中级用户以及有初步使用经验的技术人员；本书可作为理工科院校相关专业的高年级本科生、研究生学习教材，也可作为从事结构分析相关行业的工程技术人员使用 ANSYS 软件的参考书。

由于编写仓促，编者知识水平有限，书中难免存在错误和不当之处，敬请读者批评指正，以便日后修改和弥补。

编者

2017 年 12 月

目 录

第 1 章 ANSYS 主要功能与模块 ·········· 1
  1.1 有限元简介 ·········· 1
  1.2 ANSYS 简介 ·········· 2
  1.3 ANSYS 功能与模块 ·········· 3

第 2 章 ANSYS 界面介绍 ·········· 6
  2.1 通用菜单 ·········· 6
  2.2 主菜单 ·········· 9
  2.3 工具栏与图形窗口 ·········· 11
  2.4 输入窗口与输出窗口 ·········· 12

第 3 章 ANSYS 分析过程与单元属性 ·········· 13
  3.1 ANSYS 分析问题主要过程 ·········· 13
  3.2 单元属性定义 ·········· 14
  3.3 材料模型界面 ·········· 17
  3.4 练习 ·········· 22

第 4 章 坐标系与工作平面 ·········· 26
  4.1 ANSYS 中的坐标系 ·········· 27
  4.2 工作平面 ·········· 28
  4.3 练习 ·········· 29

第 5 章 实体建模与网格划分 ·········· 31
  5.1 实体模型及有限元模型 ·········· 31
  5.2 布尔运算 ·········· 33
  5.3 网格划分 ·········· 36
  5.4 练习 ·········· 42

第 6 章　ANSYS 加载与求解 ……………………………………………………… 44
6.1　施加荷载和 DOF 约束 ……………………………………………………… 44
6.2　求解 …………………………………………………………………………… 55
6.3　练习 …………………………………………………………………………… 60

第 7 章　ANSYS 结果后处理 …………………………………………………… 62
7.1　通用后处理器 ………………………………………………………………… 62
7.2　时间 – 历程后处理器 ………………………………………………………… 72
7.3　动画生成 ……………………………………………………………………… 75
7.4　报告生成 ……………………………………………………………………… 76
7.5　启动报告生成器 ……………………………………………………………… 76

第 8 章　综合实例 ………………………………………………………………… 78
8.1　结构静力学分析实例（线性分析）………………………………………… 78
8.2　温度场分析 …………………………………………………………………… 98
8.3　模态分析 ……………………………………………………………………… 113
8.4　接触分析 ……………………………………………………………………… 120
8.5　屈曲分析 ……………………………………………………………………… 137
8.6　非线性分析 …………………………………………………………………… 142

参考文献 …………………………………………………………………………… 155

第1章 ANSYS 主要功能与模块

1.1 有限元简介

有限元方法或有限元分析，是求取复杂微分方程近似解的一种非常有效的工具，是现代数字化科技的一种重要基础性原理。将它应用于科学研究中，它可成为探究物质客观规律的先进手段。将它应用于工程技术中，它可成为工程设计和分析的可靠工具。严格来说，有限元分析必须包含三个方面：①有限元方法的基本数学力学原理；②基于原理所形成的实用软件；③使用时的计算机硬件。随着现代计算机技术的发展，一般的个人计算机就能满足第二和第三方面的要求。随着工程技术的不断发展，本书将在基本操作的基础上，通过一些典型的实例深入浅出地阐述有限元分析的基本原理，并强调原理的工程背景和物理概念；通过 ANSYS 分析平台展示具体应用有限元方法的建模过程与分析过程。

任何具有一定使用功能的构件（称为变形体）都是由满足要求的材料所制造的，在设计阶段，就需要对该构件在可能的外力作用下的内部状态进行分析，以便核对所使用材料是否安全、可靠，以避免造成重大安全事故。描述构件的力学信息一般有如下三类：

(1) 构件中因承载在任意位置上所引起的移动，称为位移（Displacement）；

(2) 构件中因承载在任意位置上所引起的变形状态，称为应变（Strain）；

(3) 构件中因承载在任意位置上所引起的受力状态，称为应力（Stress）。

若该构件为简单形状，且外力分布也比较单一，如杆、梁、柱、板就可以采用材料力学的方法，一般都可以给出解析公式，应用比较方便；但对于几何形状较为复杂的构件却很难得到准确的结果，甚至根本得不到结果。

有限元分析的目的：针对具有任意复杂几何形状的变形体，完整获取在复杂外力作用下其内部的准确力学信息，即求取该变形体的三类力学信息（位移、应变、应力）。在准确进行力学分析的基础上，设计师可以对所设计对象进行强度（Strength）、刚度（Stiffness）等方面的评判，以便对不合理的设计参数进行修改，以得到较优化的设计方案；然后，再次进行方案修改后的有限元分析，以进行最后的力学评判和校核，确定出最后的设计方案。

有限元分析的最大特点就是标准化和规范化，这种特点使得大规模分析和计算成为可能，当采用了现代化的计算机以及所编制的软件作为实现平台时，复杂工程问题的大规模分析就变为了现实。实现有限元分析标准化和规范化的载体就是单元，这就需要我们构建起各种各样的具有代表性的单元，一旦有了这些单元，就好像建筑施工中有了一些标准的预制构件（如梁、板等），可以按设计要求搭建出各种各样的复杂结构。

有限元分析的最主要内容就是研究单元，即先给出单元的节点位移和节点力，然后基于单元节点位移与节点力的相互关系直接获得相应的刚度系数，进而得到单元的刚度方程，实际上就是要得到针对单元节点的平衡方程。针对实际的复杂结构，根据实际的连接关系，将单元组装为整体刚度方程，这实际上也是得到整体结构的基于节点位移的整体平衡方程。

近40多年来，伴随着计算机科学和技术的快速发展，有限元法作为工程分析的有效方法，在理论、方法的研究，计算机程序的开发以及应用领域的开拓诸方面均取得了根本性的发展。它不仅成功地运用于固体静力学，近年来也应用于解决动力学、电磁学等问题。

1.2　ANSYS 简介

ANSYS 是一种融结构、热、流场、电磁和声学于一体的大型通用有限元软件，广泛应用于航空航天、汽车、造船、铁道、电子、机械制造、地矿、水利、核能、石化、生物、医学、土木工程、轻工和一般工业等行业以及设计、科研和高校等部门，可在微机或工作站上运行，能够进行应力分析、热分析、流场分析、电磁场分析等多物理场分析及耦合分析，并且具有强大的前后处理功能。ANSYS 的流场分析求解模块 FLOTRAN 基于能量守恒、质量守恒和动量守恒原理，能求解流场速度、压力、温度分布等参数。利用 ANSYS 软件对干气密封面结构处的流场进行仿真分析，能够为干气密封面结构的合理设计提供理论依据。ANSYS 公司成立于1970年，总部设在美国的宾夕法尼亚州，目前是世界 CAE 行业中较大的公司之一。其创始人 John Swanson 博士是匹兹堡大学力学教授、有限元界权威。在40多年的发展过程中，ANSYS 不断改进提高，功能不断增强，目前最新的版本已发展到 16.0。

1970 年成立的美国 ANSYS 公司是世界 CAE 行业著名的公司之一，长期以来一直致力于设计分析软件的开发、研制，其先进的技术及高质量的产品赢得了业界的广泛认可。在我国，ANSYS 用户也越来越多，三峡工程、二滩水电站、黄河下游特大型公路斜拉桥、国家大剧院等在结构设计时都采用了 ANSYS 作为分析工具。ANSYS 的界面非常友好，有些类似于 AutoCAD，其使用方法也和 AutoCAD 有相似的地方：GUI 方式和命令流方式。GUI（Graphical User Interface）方式即通过点击菜单项，在弹出的对话框中输入参数并进行相应设置从而进行问题的分析和求解。命令流方式是指在 ANSYS 的命令流输入窗口输入求解所需的命令，通过执行这些命令来实现问题的解答。GUI 方式较容易掌握，但是在熟悉了 ANSYS 的命令之后，使用命令流方式要比 GUI 方式的效率高出许多。但对于初学者来说，GUI 方式更加容易理解，本书采用两种方式结合来举例说明。

目前，ANSYS 软件已形成完善、成熟的三大核心体系：①以结构、热力学为核心的 MCAE 体系；②以计算流体动力学为核心的 CFD 体系；③以计算电磁学为核心的 CEM 体系。这三大体系不仅提供 MCAE、CFD、CEM 领域的单场分析技术，各单场分析技术之间还可以形成多物理场耦合分析机制。

1.3　ANSYS 功能与模块

ANSYS 是一个大型通用的商业有限元软件，功能完备的前后处理器使 ANSYS 易学易用，强大的图形处理能力及多功能的实用工具使得用户在处理问题时得心应手，奇特的多平台解决方案使用户能够做到物尽其用，多种平台支持（NT、LINUX、UNIX）和异种异构网络浮动，各种硬件平台数据库兼容，功能一致，界面统一。

ANSYS 具有强大的实体建模技术。它与现在流行的大多数 CAD 软件类似，通过自顶向下或自底向上两种方式以及布尔运算、坐标变换、曲线构造、蒙皮技术、拖拉、旋转、拷贝、镜射、倒角等多种手段，可以建立起真实地反映工程结构的复杂几何模型。

ANSYS 提供两种基本网格划分技术：智能网格和映射网格，分别适合于 ANSYS 初学者和高级使用者。智能网格、自适应、局部细分、层网格、网格随移、金字塔单元（六面体与四面体单元的过渡单元）等多种网格划分工具，帮助用户建立精确的有限元模型。

另外，ANSYS 还提供了与 CAD 软件专用的数据接口，能实现与 CAD 软件的无缝几何模型传递。这些 CAD 软件有 Pro/E、UG、CATIA、IDEAS、Solidwork、Solid edge、Inventor、MDT 等。ANSYS 还可以读取 SAT、STEP、ParaSolid、IGES 格式的图形标准文件。

此外，ANSYS 还具有近 200 种单元类型，这些丰富的单元特性能使用户方便而准确地构建出反映实际结构的仿真计算模型。

ANSYS 提供了对各种物理场的分析，是目前唯一能融结构、热、电磁、流场、声学等为一体的有限元软件。除了常规的线性、非线性结构静力、动力分析之外，它还可以解决高度非线性结构的动力分析、结构非线性及非线性屈曲分析。提供的多种求解器分别适用于不同的问题及不同的硬件配置。

ANSYS 的后处理用来观察 ANSYS 的分析结果。ANSYS 的后处理分为通用后处理模块和时间后处理模块两部分。后处理结果可能包括位移、温度、应力、应变、速度以及热流等，输出形式可以是图形显示和数据列表两种。ANSYS 还提供自动或手动时程计算结果处理的工具。

ANSYS 的主要功能如下。

1. 结构分析

结构分析是有限元分析方法最常用的一个功能。ANSYS 能够完成的结构分析有：结构静力学分析，结构非线性分析，结构动力学分析，隐式、显式及显式－隐式－显式耦合求解。

2. 热分析

热分析用于计算一个系统的温度等热物理量的分布及变化情况。ANSYS 能够完成的热分析有：稳态温度场分析、瞬态温度场分析、相变分析、辐射分析。

3. 流体动力学分析

ANSYS 程序的 FLOTRAN CFD 分析功能能够进行二维及三维的流体瞬态和稳态动力学分析。ANSYS 能够完成的流体动力学分析有：层流、紊流分析，自由对流与强迫对流分析，可压缩流/不可压缩流分析，亚音速、跨音速、超音速流动分析，多组分流动分析，移动壁面及自由界面分析，牛顿流体与非牛顿流体分析，内流和外流分析，分布阻尼和 FAN 模型，热辐射边界条件，管流。

4. 电磁场分析

ANSYS 程序能分析电感、电容、涡流、电场分布、磁力线及能量损失等电磁场问题，也可用于螺线管、发电机、变换器、电解槽等装置的设计与分析。ANSYS 能够完成的电磁场分析有：2D、3D 及轴对称静磁场分析；2D、3D 及轴对称时变磁场、交流磁场分析；静电场、AC 电场分析。

5. 声学分析

ANSYS 程序能进行声波在含流体介质中传播的研究，也能分析浸泡在流体中固体结构的动态特性。ANSYS 能够完成的声学分析有：声波在容器内流体介质中的传播，声波在固体介质中的传播，水下结构的动力分析，无限表面吸收单元。

6. 压电分析

ANSYS 软件能分析二维或三维结构对 AC、DC 或任意随时间变化的电流或机械荷载的响应。ANSYS 能够完成的压电分析有：稳态分析，瞬态分析，谐响应分析，瞬态响应分析，交流、直流、时变电荷载或机械荷载分析。

7．多耦合场分析

多耦合场分析就是考虑两个或多个物理场之间的相互作用。ANSYS 统一数据库及多物理场分析并存的特点保证了其能够方便地进行耦合场分析，可以分析的耦合类型有：热—应力，磁—热、磁—结构，流体—热，流体—结构，热—电，电—磁—热—流体—应力。

8．优化设计

优化设计是一种寻找最优设计方案的技术。ANSYS 程序提供多种优化方法，包括零阶方法和一阶方法等。对此，ANSYS 提供了一系列分析—评估—修正的过程。此外，ANSYS 程序还提供了一系列优化工具以提高优化过程的效率。

第 2 章 ANSYS 界面介绍

2.1 通用菜单

图 2-1 是 ANSYS 菜单窗口分布图，主要有通用菜单、输入窗口、工具栏、主菜单、图形窗口以及图形显示窗口等。通用菜单位于整个窗口的最上方，其主要命令如下。

图 2-1 ANSYS 菜单窗口分布

2.1.1 文件菜单（File）

文件菜单主要用于实现新建、打开、存储以及输出等功能，如图 2-2 所示。

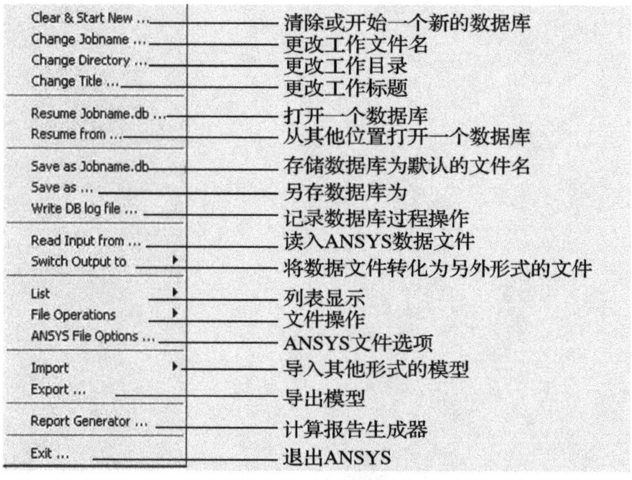

图 2-2 文件菜单

2.1.2 选择菜单（Select）

选择菜单主要用于组件和项目的选取与创建等功能，如图 2-3 所示。

2.1.3 列表显示菜单（List）

列表显示菜单主要用于显示文件信息、图形信息、组件信息以及属性信息等功能，如图 2-4 所示。

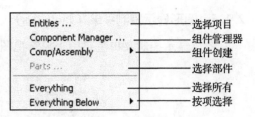

图 2-3 选择菜单

图 2-4 列表显示菜单

2.1.4 图形显示菜单（Plot）

图形显示菜单主要用于显示图形单元、材料、数据表等信息，如图 2-5 所示。

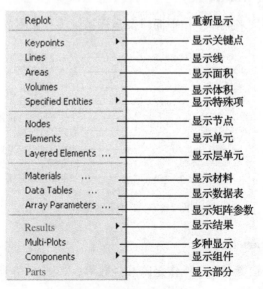

图 2-5 图形显示菜单

2.1.5　图形显示控制菜单（PlotCtrls）

图形显示控制菜单主要用来控制视图、字体、窗口、动画和设备等，如图 2-6 所示。

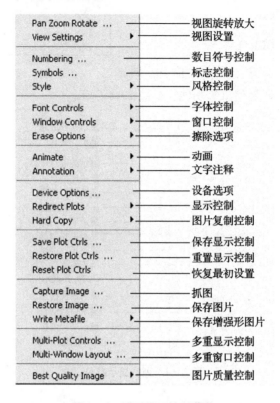

图 2-6　图形显示控制菜单

2.1.6　工作平面菜单（WorkPlane）

工作平面菜单主要用来操作工作平面以及坐标系统等，如图 2-7 所示。

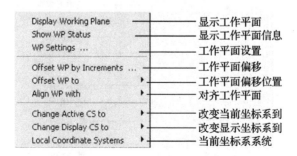

图 2-7　工作平面菜单

2.1.7　参数菜单（Parameters）

参数菜单主要用来设置参数、操作矩阵和函数等，如图 2-8 所示。

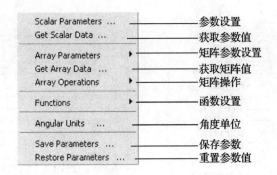

图 2-8 参数菜单

2.1.8 宏命令菜单（Macro）

宏命令菜单主要用于创建宏、执行宏、编辑工具等，如图 2-9 所示。

2.1.9 菜单控制菜单（MenuCtrls）

菜单控制菜单主要用于选择颜色、字体和工具栏设置等，如图 2-10 所示。

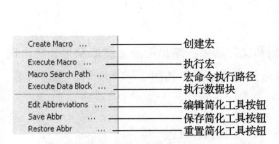

图 2-9 宏命令菜单

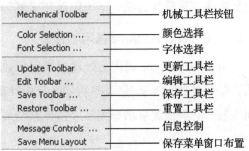

图 2-10 菜单控制菜单

2.2 主菜单

主菜单包括优选项菜单、前处理、求解、通用后处理、时间历程后处理、拓扑优化、优化设计、概论设计、运行统计和完成等功能，如图 2-11 所示。

2.2.1 Preprocessor 优选项菜单

Preprocessor 优选项菜单主要包括单元类型、实参数、材料参数、段设置、建模、网格划分、编号控制、荷载设置和路径设置等功能，是分析工程问题的前处理过程，如图 2-12 所示。单元类型要求对工程问题进行类型选择，其中有梁单元、2D 单元、实体单元、管单元、壳单元等，涉及弹性力学中的平面应力问题、平面应变问题以及轴对称问题。实参数里面包括模型的面积设置、惯性矩设置等，是构成实体模型的重要组成部分。材料参数中有弹性模量、泊松比、密度、热膨胀系数等参数的设置，是赋予材料性质的重要途径。

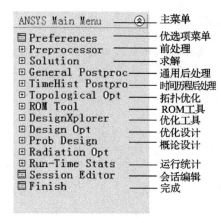

图 2-11 主菜单　　　　　　图 2-12 Preprocessor 优选项菜单

2.2.2 Solution 求解

Solution 求解主要用于对前处理的模型进行边界条件设置和计算，主要包括分析类型、定义荷载、荷载步选项、结果跟踪和求解等功能，如图 2-13 所示。

2.2.3 General Postproc 通用后处理

General Postproc 通用后处理主要包括数据和文件选项、结果汇总、读取结果、输出选项、结果查看和定义/修改等功能，分析计算后的模型结果，如图 2-14 所示。通过云图、列表显示、等值线显示等图形表达计算结果。

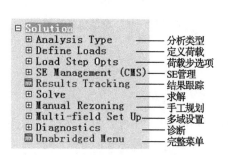

图 2-13 求解

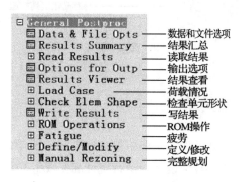

图 2-14 通用后处理

2.2.4 TimeHist Postpro 时间历程后处理

TimeHist Postpro 时间历程后处理主要包括变量观察器、设置、定义变量、图形变量和数字操作等功能，用于对图形结果进行路径表示、数字操作等分析，如图 2-15 所示。

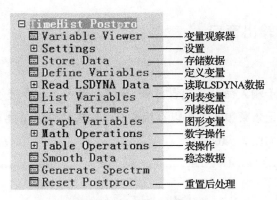

图 2-15 时间历程后处理

2.3 工具栏与图形窗口

工具栏是执行命令的快捷方式,以便随时单击执行缩写命令或者宏文件等。默认的按钮从左到右依次为"存储数据库文件(SAVE_DB)"按钮、"恢复数据库文件(RESUM_DB)"按钮、"退出 ANSYS(QUIT)"按钮和"图形显示模式切换按钮(POWRGRPH)"按钮,用户可以根据个人使用习惯来增加快捷按钮,如图 2-16 所示。

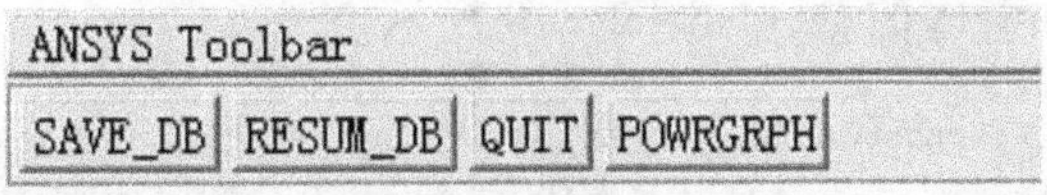

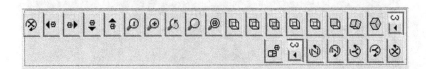

图 2-16 工具栏

图形用户界面或者 GUI 是一个允许使用键盘、指点设备(鼠标、跟踪球或者触摸板)及显示器与计算机进行交互的程序。输入来自于键盘和指点设备,输出显示在显示器上。界面的设计不仅包含字符,还包含窗口、图形和图标(小图形),而且所有这些东西都是可操控的。在显示信息时,广义地讲,有两种类型的数据,即文本(字符)和图形(图像),因此将其命名为图形用户界面。

图形显示控制按钮由若干快捷键组成,提供快速的图形显示控制,可以方便地实现图形的平移、旋转和缩放等操作,如图 2-17 所示。

图 2-17 图形显示控制按钮

2.4 输入窗口与输出窗口

2.4.1 输入窗口

输入窗口主要用于输入命令，包含 ANSYS 命令输入、命令提示信息、其他提示信息以及下拉式运行命令记录菜单等，可以直接选取下拉式命令记录菜单中的命令行，然后双击重新执行命令行，如图 2-18 所示。

图 2-18 输入窗口

输入窗口的左右两边是一些快捷按钮，左边的按钮从左到右依次为"新建"按钮、"打开"按钮、"存盘"按钮、"平移缩放旋转"按钮、"打印"按钮、"报告生成器"按钮和"帮助"按钮；右边的按钮从左到右依次为"隐藏对话框提到前台"按钮、"选取重设"按钮和"接触管理器"按钮。这些按钮能够简化操作，在实际操作中经常会用到。

2.4.2 输出窗口

输出窗口的主要作用是显示 ANSYS 软件对已输入命令或使用功能的响应信息，包括使用命令的出错信息和警告信息，如图 2-19 所示。

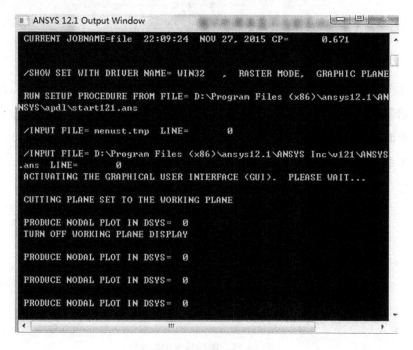

图 2-19 输出窗口

第 3 章　ANSYS 分析过程与单元属性

3.1　ANSYS 分析问题主要过程

3.1.1　ANSYS 分析前的准备工作
（1）清空数据库并开始一个新的分析。
（2）指定新的工作名（Filename）。
（3）指定新的工作标题（Title）。
（4）指定新的工作目录（Working Directory）。

3.1.2　通过前处理器 Preprocessor 建立模型
（1）定义单元类型（ET）。
（2）定义单元实常数（R）。
（3）定义材料属性数据（MAT）。
（4）创建或读入几何模型（CREATE）。
（5）划分单元网格模型（MESH）。
（6）检查模型。
（7）存储模型。

3.1.3　通过求解器 Solution 加载求解
（1）选择分析类型并设置分析选项。
（2）施加荷载及约束。
（3）设置荷载步选项。
（4）进行求解。

3.1.4　通过后处理器 General Postproc 或 Time Hist Postpro 查看分析结果
（1）从计算结果中读取数据。
（2）通过图形化或列表的方式查看分析结果。
（3）分析处理并评估结果。

3.2 单元属性定义

3.2.1 指定作业名和分析标题

该项工作不是强制要求的，但 ANSYS 推荐使用作业名和分析标题，这样在分析问题时可以清楚明了地知道该工作属于哪项问题。

1. 定义作业名

作业名是用来识别 ANSYS 作业的。当为某项分析定义作业名后，作业名就成为分析过程中产生的所有文件名的第一部分，通过为每一次分析给定作业名，可确保文件不被覆盖。如果没有指定作业名，所有文件的文件名均为 FILE 或 file。可按下面的方法改变作业名。

进入 ANSYS 程序时通过入口选项修改作业名。可通过启动器或 ANSYS 执行命令。

进入 ANSYS 程序后，可通过如下方法实现。

（1）命令行方式：／FILENAME。

（2）菜单方式：Utility Menu > File > Change Jobname。

/FILENAME 命令仅在 Beginlevel（开始级）才有效，即使在入口选项中给定了作业名，ANSYS 仍允许改变作业名。然而该作业名仅适用于使用/FILENAME 命令后打开的文件。使用/FILENAME 命令前打开的文件，如记录文件 Jobname.LOG、出错文件 Jobname.ERR 等仍然是原来的作业名。

2. 定义分析标题

/TITLE 命令（Utility Menu > File > Change Title）可用来定义分析标题。ANSYS 系统将在所有的图形显示、求解输出中包含该标题。可使用//STITLE 命令加副标题，副标题将出现在输出结果里，而在图形中不显示。

3.2.2 定义单位

ANSYS 软件没有为分析指定系统单位，除了磁场分析外，可使用任意一种单位制，只需保证输入的所有数据都使用同一单位制里的单位即可。使用/UNITS 命令，可在 ANSYS 数据库中设置标记指定正在使用的单位制，该命令不能将一个单位制的数据转换到另一单位制，它仅仅为后续的分析作一个记录。

3.2.3 定义单元的类型

在 ANSYS 单元库中有超过 150 种的单元类型，每个单元类型有一个特定的编号和一个标识单元类别的前缀，如 BEAM4、PLANE77、SOLID96 等。单元类型决定了单元的自由度数（又代表了分析领域，即结构、热、磁场、电场、四边形、六面体等）。单元位于二维空间还是三维空间就已经决定了自由度数，如 BEAM4 有 6 个结构自由度（UX，UY，UZ，ROTX，ROTY，ROTZ），是一个线性单元，可在 3D 空间建模，PLANE77 有一个温度自由度（TEMP），是 8 节点的四边形单元，只能在 2D 空间建模，必须在通用前处理器 PREP7 内定义单元类型，使用 ET 命令族（ET、ETCHG 等）或基于 GUI 的等效命令来实现。例如，下面的两个命令分别定义了两种单元类型——BEAM4 和 SHELL63，并给它们分配了相应的参考号 1 和 2。

  ET，1，BEAM4
  ET，2，SHELL63

与单元名对应的类型参考号表称为单元类型表。在定义实际单元时，可通过 TYPE（Main Menu > Preprocessor > Create > Elements > Elem Attributes）命令指向恰当的类型参考号。许多单元类型又称为 KEYOPTS 的另外选项。例如对于 BEAM4 的 KEYOPTS 允许在每个单元的中间位置计算结果。

3.2.4 定义单元实常数

单元实常数是依赖单元类型的特性，如梁单元的横截面特性。例如 2D 梁单元 BEAM3 的实常数是面积（AREA）、惯性矩（IZZ）、高度（HEIGHT）、剪切变形常数（SHEARZ）、初始应变（ISTRN）和附加的单位长度质量（ADDMAS）。并不是所有的单元类型都需要实常数，同类型的不同单元可以有不同的实常数。

可通过 R 族命令（R、RMODIF 等）或相应的等效菜单路径来指定实常数。对应于单元类型，每组实常数有一个参考号，与实常数组对应的参考号表称为实常数表。在定义单元时可通过 REAL 命令（Main Menu > Preprocessor > Create > Elements > Elem Attributes）来指定它对应的实常数号。

在定义实常数时，必须牢记以下规则。

（1）当使用 R 族命令时，必须每个单元类型输入实常数。

（2）当用多种单元类型建模时，每种单元类型使用独自的实常数组。如果多个单元类型参考相同的实常数号，ANSYS 会发出一个警告信息，然而每个单元类型可以参考多个实常数组。

（3）使用 RLIST 和 ELIST 命令可以校验输入的实常数。当 RKEY = 1（如下所示）时，RLIST 列出所有实常数组的实常数值，ELIST 命令产生一个简单易读的列表，包括每个单元、实常数号和它们的值。

  Command(s)：
  ELIST
  GUI：

Utility Menu > List > Elements > Attributes + Real Const

Utility Menu > List > Elements > Attributes Only

Utility Menu > List > Elements > Nodes + Attributes

Utility Menu > List > Elements > Nodes + Attributes + Real Const

Command(s)：

RLIST

GUI：

Utility Menu > List > Properties > All Real Constants

Utility Menu > List > Properties > Specified Real Const

3.2.5 定义材料特性

绝大多数的单元类型需要材料特性。根据应用的不同，材料特性可以是线性或非线性的。与单元类型、实常数一样，每一组材料特性有一个材料参考号。与材料特性组对应的材料参考号表称为材料表。在一个分析中，可能有多个材料特性组。ANSYS通过独特的参考号来识别每个材料特性组。

当定义单元时，可以通过MAT命令来指定合适的材料参考号。

1. 线性材料特性

线性材料特性可以是常数或与温度相关的参数，各向同性或正交异性的，用下列方式定义线性材料特性（各向同性或正交异性）。

Command(s)：

MP

GUI：

Main Menu > Preprocessor > Material Props > Material Models

同样要指定恰当的材料特性标号，如 EX、EY、EZ 表示弹性模量，KXX、KYY、KZZ 表示热传导性等。对各向同性材料，只要定义 X 方向的特性，其他方向的特性缺省值与 X 方向相同，举例如下。

  MP, EX, 1, 2E11   材料参考号1的弹性模量为2E11

  MP, DENS, 1, 7800   材料参考号1的密度为7800

  MP, KXX, 1, 50   材料参考号1的热传导系数为50

除了 Y 方向和 Z 方向特性的缺省值（缺省值取 X 方向的特性），可采用其他的材料特性缺省值来减少输入量。如泊松比（NUXY）缺省值取0.3，剪切模量GXY的缺省值取 $EX/[2(1+NUXY)]$，发散率缺省值取1.0。

2. 非线性材料特性

非线性材料特性通常是表格数据，如塑性数据（不同硬化法则的应力－应变曲线）、磁场数据、蠕变数据、膨胀数据、超弹性材料数据等。要输入表格数据，需使用 TBPT 命令。例如，下列命令是定义一个磁场数据。

```
TBPT, DEFI, 150, .21
TBPT, DEFI, 300, .55
TBPT, DEFI, 460, .80
TBPT, DEFI, 640, .95
TBPT, DEFI, 720, 1.0
TBPT, DEFI, 890, 1.1
TBPT, DEFI, 1020, 1.15
TBPT, DEFI, 1280, 1.25
TBPT, DEFI, 1900, 1.0
```

3. 各向异性弹性材料

有些单元类型允许采用各向异性弹性材料特性，这些特性通常是以矩阵形式输入（这些特性不同于各向异性塑性，在各个不同的方向需要不同的应力－应变曲线）。允许采用各向异性弹性材料的单元类型有：SOLID64（3－D 各向异性实体单元）、PLANE13（2－D 耦合场实体）、SOLID5 和 SOLID98（3－D 耦合场实体）。

定义各向异性弹性材料特性的过程类似于定义非线性材料特性。首先使用 TB 命令激活一个数据表，然后使用 TBDATA 命令定义弹性系数矩阵。注意一定要通过 TBLIST 命令验证输入数据。

3.3 材料模型界面

ANSYS 直观的分级树结构界面用来定义材料模型，同时自顶向下的材料类型分类可以更恰当地指导用户定义材料模型。除了 CFD 分析需要使用 FLDATA 命令族以外，所有其他种类分析都可以采用该材料类型分类定义材料模型。

3.3.1 进入界面

可以通过 Main Menu > Preprocessor > Material Props > Material Models 来定义材料模型，此时弹出定义材料模型行为的对话框，该对话框通常只显示结构树的顶端，如图 3－1 所示。

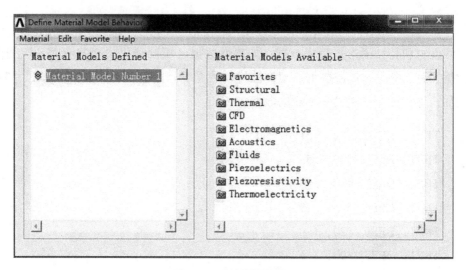

图 3-1 材料模型界面

3.3.2 选择材料行为

图 3-1 右边的可用材料模型窗口显示了材料类型列表（例如 Structural、Thermal、Electromagnetics 等）。

注意：如果选择 ANSYS/LS-DYNA 单元类型，则只有一种 LS-DYNA 类型出现。如果某一单元类型前有文件夹图标，则在该类下有子类，当双击该类时，子类相继出现。

图 3-2 是 Material Model Interface Tree Structure 所示的分类。

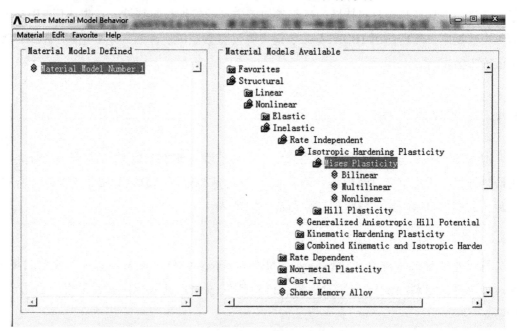

图 3-2 材料模型界面树结构

例如，在 Structural 下有类型 Linear、Nonlinear 和 Others，材料模型进一步分类到最终可看到垂直的材料特性组列表或该类下的材料模型（如在 Mises Plasticity 下有 Bilinear、Multilinear、Nonlinear）。双击要使用的材料模型时会出现一个对话框提示用户针对某个特定的材料模型或特性组需要输入的数据，数据输入对话框的详细内容将在下节中介绍。

3.3.3 输入材料数据

数据输入对话框是一个表格，用户可以更改的行数和列数取决于所选择的特定材料特性或模型，典型的数据输入框如图3-3所示。

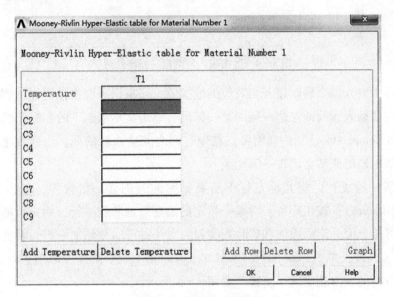

图3-3 数据输入对话框

在材料输入对话框内有两个交互输入区：数据输入表及出现在底部的一系列动作按钮。按所定义的材料项不同，表中的标签也随之改变，原先出现的行和列数也会变化。材料项同样规定了用户可以增加或删除的行和列数。在大多数情况下，列代表温度，行表示数据值，最初，数据表是为温度相关数据而设置的，所以数据表中的温度区段为灰色，这时，如果决定输入各种温度对应的数据，可很快为代表每一温度的数据加上文本区段的列。

任何时候都可以增加或删除温度相关的数据。如果数据是温度相关的，不需要预先定义。要增加一列，将文本状态下的光标定位于现有列中的任一区段，然后单击"增加温度（Add Temperature）"按钮，在现有列的右边就出现新的一列，现有的和新增的列中的温度区段变成激活状态，如图3-4所示。

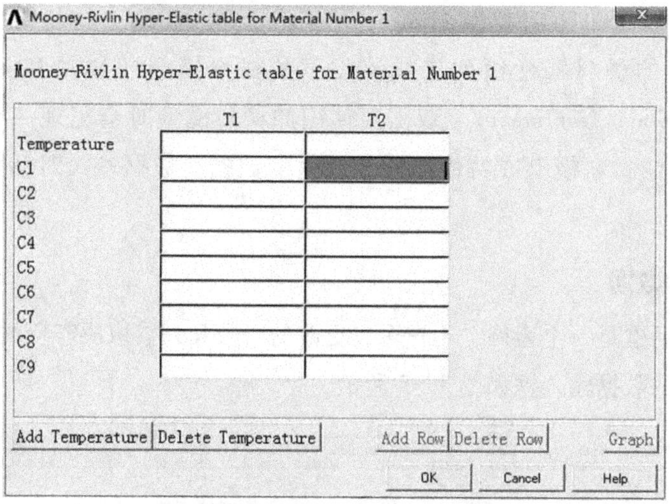

图 3-4 数据输入对话框—新增的列

用户在行中输入两个温度以及相对应的数据值,可根据需要按照同样的程序添加更多的温度列。在要插入新列的左边一列的某一区段,单击文本状态下的光标,然后单击"添加温度(Add Temperature)"按钮就可以在现有列之间插入新的列。当列数超过对话框的宽度时,在数据表的底部会出现一滚动条。

要删除某一温度列,将光标定位于所要删除的列的任一区段中,单击"删除温度(Delete Temperature)"按钮即可。对某一特定的温度添加和删除行,用户可能需要添加另一常数行,可按上面介绍的添加和删除列类似的方法进行。要添加一行,将文本光标放在现有行的任一区段,单击"添加行(Add Temperature)"按钮或"添加点(Add Point)"按钮,在现有行的下方就出现一新行,如图 3-5 所示。

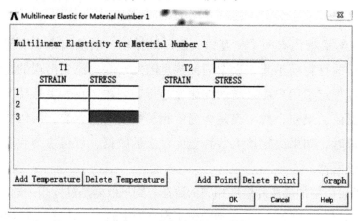

图 3-5 添加和删除行

按照同样的程序,可根据需要添加更多的行,将光标置于上一行的任一区段,单击"添加行(Add Row)"或"添加点(Add Point)"按钮,可在现有的两行之间插入新的行。当行数超过对话框的高度时,表格中就会出现一垂直滚动条。将文本光标定位于某一行的任一区段，单击"删除行（Delete Row）"按钮或"删除点（Delete Point）"按钮，可删除该行。

执行结构分析时，几种非弹性材料模型（双击下列树结构列表显示：Structural、Nonlinear、Inelastic）需要用户输入数值代替弹性材料特性（弹性模量或泊松比），除了针对特定模型的非弹性常数（例如，对双线性各向同性硬化模型是屈服应力和切线模量）外，在输入非弹性常数前，必须先输入弹性材料特性。如果试图首先输入非弹性材料常数，就会出现一个注释告知用户必须首先输入弹性材料特性。单击注释的"OK"按钮后，出现数据输入对话框，提醒用户输入弹性材料特性并单击"OK"按钮，然后又出现另一数据输入对话框告知用户为选择的特定材料模型输入非弹性常数。表 3-1 列出了常用结构所对应的单元类型。

表 3-1 常用结构所对应的单元类型

类别	形状和特性	单元类型
杆	普通	LINK1、LINK8
	双线性	LINK10
梁	普通	BEAM3、BEAM4
	截面渐变	BEAM54、BEAM44
	塑性	BEAM23、BEAM24
	考虑剪切变形	BEAM188、BEAM189
管	普通	PIPE16、PIPE17、PIPE18
	浸入	PIPE59
	塑性	PIPE20、PIPE60
2-D 实体	四边形	PLANE42、PLANE82、PLANE182
	三角形	PLANE2
	超弹性单元	HYPER84、HYPER56、HYPER74
	黏弹性	VISO88
	大应变谐单元	VISO106、VISO108
	P 单元	PLANE83、PPNAE25、PLANE145、PLANE146
3-D 实体	块	SOLID45、SOLID95、SOLID73、SOLID185
	四面体	SOLID92、SOLID72
	层	SOLID46
	各向异性	SOLID64、SOLID65
	超弹性单元	HYPER86、HYPER58、HYPER158
	黏弹性	VISO89
	大应变	VISO107
	P 单元	SOLID147、SOLID148

续表

类别	形状和特性	单元类型
壳	四边形	SHELL93、SHELL63、SHELL41、SHELL43、SHELL181
	轴对称	SHELL51、SHELL61
	层	SHELL91、SHELL99
	剪切板	SHELL28
	P 单元	SHELL150

3.4 练习

（1）一钢梁，弹性模量为 206 GPa，泊松比为 0.3，材料密度为 7 800 kg/m³。

① 设定分析作业名和标题。

Utility Menu: File > Change Jobname，如图 3-6 所示。

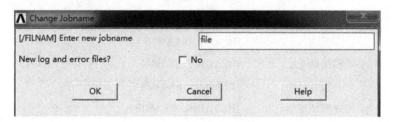

图 3-6 分析作业名和标题设定

② 单元类型、几何特性及材料特性定义。

选择 Preprocessor > Element Types > Add/Edit/Delete，弹出对话框，单击对话框中的"Add..."按钮，又弹出一对话框，选中该对话框中的"Solid"和"Brick 8node 45"选项，单击"OK"按钮，关闭对话框，返回上一级对话框，如图 3-7 所示。此时，对话框中出现刚才选中的单元类型：Solid45。

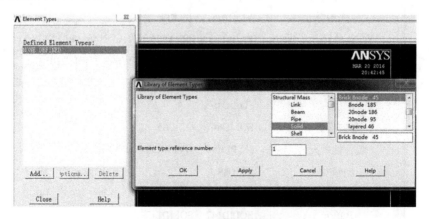

图 3-7 单元类型设定

③ 定义材料特性。

单击主菜单中的 Preprocessor > Material Props > Material Models，在弹出的对话框中逐级双击右框中 Structural > Linear > Elastic > Isotropic 前的图标，弹出下一级对话框，在"弹性模量（EX）"一栏中输入"2.06e11"，在"泊松比（PRXY）"一栏中输入"0.3"，单击"OK"按钮，返回上一级对话框，然后，双击右框中的"Density"选项，在弹出的对话框中"材料密度（DENS）"一栏中输入"7800"，单击"OK"按钮关闭对话框，如图 3-8 所示。

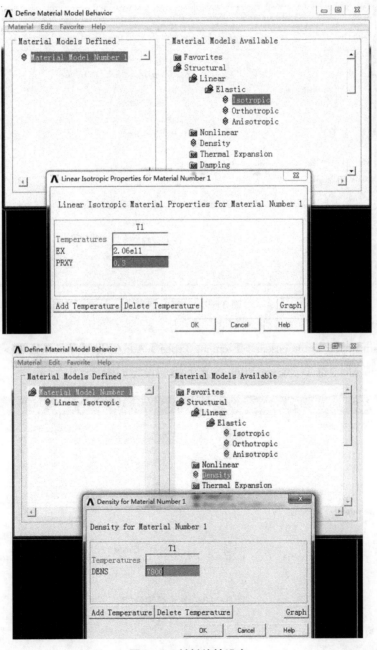

图 3-8　材料特性设定

（2）一钢梁，弹性模量为 210 MPa，泊松比为 0.3，截面积为 0.25 m^2。使用 ANSYS 命令进行练习，选择 ANSYS > Interactive > Change the Working Directory into Yours > Input Initial Jobname: Truss > Run。

① 设置计算类型。

选择 Main Menu: Preferences > Structural > OK。计算类型设定如图 3-9 所示。

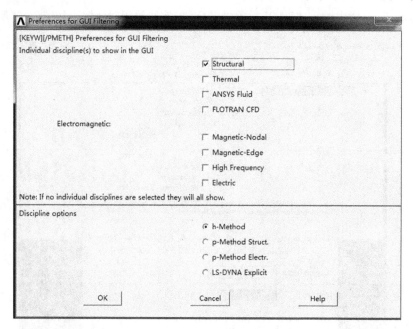

图 3-9　计算类型设定

② 选择单元类型。

选择 Main Menu: Preprocessor > Element Types > Add/Edit/Delete > Add > Link 2D spar 1 > OK（back to Element Types window）。单元类型设定如图 3-10 所示。

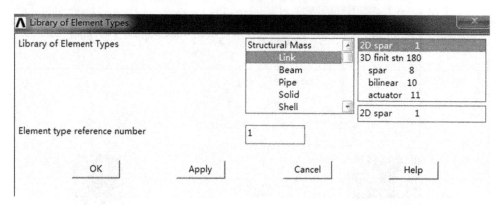

图 3-10　单元类型设定

③ 定义材料参数。

选择 Main Menu: Preprocessor > Material Props > Material Models > Structural > Linear > Elastic > Isotropic > EX: 2.1e11，PRXY: 0.3 > OK。材料参数设定如图 3-11 所示。

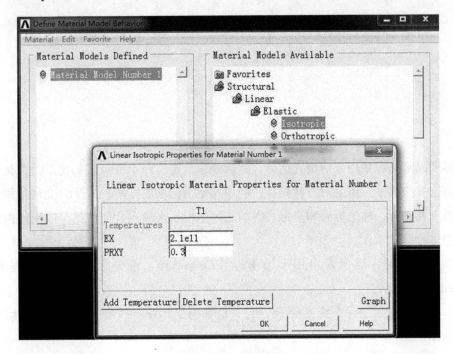

图 3-11　材料参数设定

④ 定义实常数。

选择 Main Menu: Preprocessor > Real Constant > Add > Type1 > OK > AREA: 0.25 > OK > Close（the Real Constant Window）。实常数设定如图 3-12 所示。

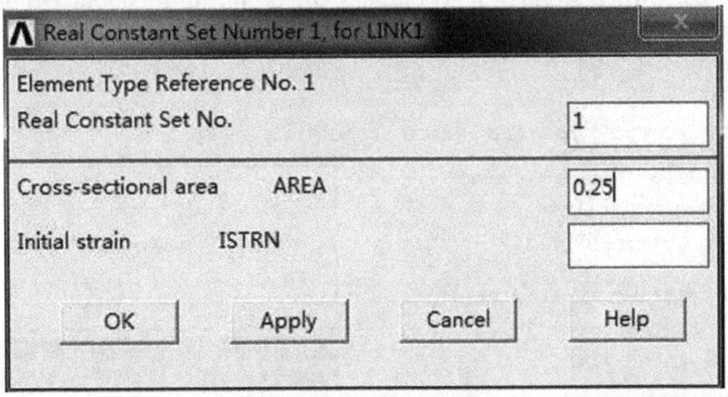

图 3-12　实常数设定

第 4 章　坐标系与工作平面

总体和局部坐标系用来定位几何体。默认地,当定义一个节点或关键点时,其坐标系为总体笛卡儿坐标系。可是对有些模型,利用其他坐标系更方便。ANSYS 允许使用预定义的包括笛卡儿坐标、柱坐标和球坐标在内的三种坐标系来输入几何数据,或在任何定义的坐标系中进行此项工作。

(1) 空间任何一点通常可用卡氏坐标(Cartesian)、极坐标(Polar)或球面坐标(Sphericity)来表示。

(2) 默认为卡氏坐标系统(CSYS, 0),KSN 为坐标系统代号,1 为柱面坐标系统,2 为球面坐标系统。

(3) Menu Paths: Utility Menu > WorkPlane > Change Active CS to > (CSYS Type),表示切换坐标系,如图 4-1 所示。

(4) Menu Paths: Utility Menu > WorkPlane > Change Active CS to > Working Plane,表示切换到局部坐标系。

(5) Menu Paths: Utility Menu > WorkPlane > Offset WP to > Global Origin,表示设置工作平面到初坐标系。

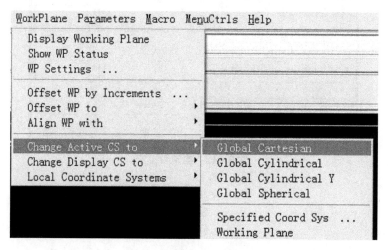

图 4-1　工作平面切换

4.1 ANSYS 中的坐标系

（1）整体坐标系和局部坐标系（Global and Local Coordinate Systems）：用于定义几何形状参数，如节点、关键点等的空间位置。

（2）节点坐标系（Nodal Coordinate Systems）：定义每个节点的自由度方向和节点结果数据的方法。

（3）单元坐标系（Element Coordinate Systems）：确定材料特性主轴和单元结果数据的方向。

（4）显示坐标系（Display Coordinate Systems）：用于几何形状参数的列表和显示。

（5）结果坐标系（Results Coordinate Systems）：用于列表、显示或在通用后处理操作中将节点或单元结果转化到一个特定的坐标系中。

4.1.1 局部坐标系

局部坐标系是为了方便建模及分析而由自己定义的坐标系，其原点可与整体坐标系的原点偏离一定距离，或其方位不同于先前的总体坐标系。

4.1.2 显示坐标系

在默认情况下，无论在什么坐标系下建模，模型显示的都是在全局坐标系下的坐标，可以改变显示的坐标系。

显示坐标系的改变会影响到图形显示和列表，无论是几何图素或有限元模型都将受到影响。但是边界条件符号、向量箭头和单元坐标系的三角符号都不会转换到显示坐标系下。显示坐标系的方向是 X 轴水平向右，Y 轴垂直向上，Z 轴垂直屏幕向外。当 DSYS>0 时，将不显示线和面的方向。

4.1.3 节点坐标系

节点坐标系用来定义节点的自由度方向。每个节点都有自己的坐标系，在默认情况下平行于总体笛卡儿坐标系。在实际应用中，可能要给节点施加不同于坐标系主方向的约束荷载，这就需要将节点坐标系旋转到所需要的方向上，然后在节点坐标系下施加约束或荷载。

在通用后处理（POST1）中，节点结果数据均以结果坐标系表示。

在时程后处理（POST2）中，节点结果如节点位移、节点荷载和支座反力等都是以节点坐标系方向表示。

4.1.4 单元坐标系

每个单元都有自己的坐标系，单元坐标系用于规定单元的正交材料属性的方向、施加的压力和结果的输出方向。

线单元（杆、梁单元）的 X 轴通常从 I 节点指向 J 节点，Y 轴和 Z 轴可由节点 K 或 θ 确定；当节点 K 省略且 $\theta=0$ 时，单元的 Y 轴总是平行于总体坐标系的 XY 平面；当单元的

X 轴平面于总体坐标系的 Z 轴时，单元的 Y 轴与总体坐标系的 Y 轴相同。

壳单元的 X 轴通常也从 I 节点指向 J 节点，Z 轴通过 I 节点且与壳面垂直，其正方向由单元的 I、J、K 节点按右手规则确定。

2D、3D 实体单元坐标系的方向总是平行于总体直角坐标系。

4.1.5 结果坐标系

在求解过程中，计算的结果数据如位移、梯度、应力、应变等，存储在数据库和结果文件中，要么在节点坐标系中，要么在单元坐标系中。但是，结果数据通常是旋转到激活的坐标系（默认为总体坐标系）中进行云图显示、列表显示和单元数据存储等操作的。

可以将活动的结果坐标系转到另一个坐标系，或转到求解时所用的坐标系。

4.2 工作平面

工作平面是一个具有原点、二维坐标系、捕捉式增量和显示栅格的无限大平面，通过它可以精确地确定几何实体间的一些几何关系。系统默认，工作平面为总体笛卡儿坐标系的 XY 平面。

4.2.1 工作平面的打开和关闭

依次选择 Menu Paths: Utility Menu > WorkPlane > Display Working Plane，图形窗口就是显示工作平面。工作平面的原始状态是与整体坐标系重合的。

4.2.2 工作平面相关参数的设置

依次选择 Utility Menu > WorkPlane > Display Working Plane > WP Settings，打开对话框，用于工作平面相关参数的设置，如图 4-2 所示。

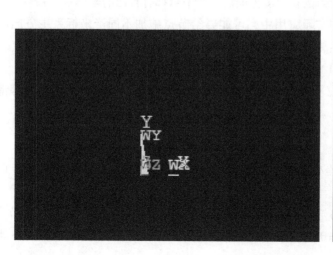

图 4-2 工作平面相关参数的设置

图 4-2 中 Cartesian 表示笛卡儿坐标系，Polar 表示极坐标。Grid and Triad 表示显示工作平面的格栅和三向坐标。Grid Only 表示只显示格栅。Triad Only 表示只显示三向坐标。Spacing 表示疏密，数值越小，格栅密度越大。

4.2.3 工作平面的平移和旋转

依次选择 Utility Menu > WorkPlane > Display Working Plane > Offset WP by Increments，打开工作平面控制对话框，用于工作平面的平移和旋转的控制。

4.3 练习

将工作平面沿 X 轴平移到 4 位置，沿 Y 轴平移到 2 位置，格栅密度设置为"0.05"，绕 X 轴逆时针旋转 30°。

选择 Utility Menu > WorkPlane > Display Working Plane > WP Settings，打开对话框，将 Spacing 改为"0.05"，如图 4-3 所示。

选择 Utility Menu > WorkPlane > Display Working Plane > Offset WP by Increments，打开对话框，在"X, Y, Z Offsets"一栏中输入"4, 2, 0"，如图 4-4 所示，即可将平面沿 X 轴平移到 4 位置，沿 Y 轴平移到 2 位置。

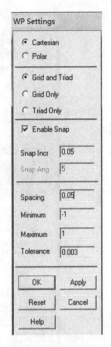

图 4-3 工作面设置

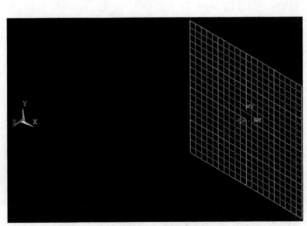

图 4-4 工作面平移

选择 Utility Menu > WorkPlane > Display Working Plane > Offset WP by Increments，打开对话框，在"XY，YZ，ZX Angles"一栏中输入"0，30，0"，如图 4-5 所示，即可将平面绕 X 轴逆时针旋转 30°。

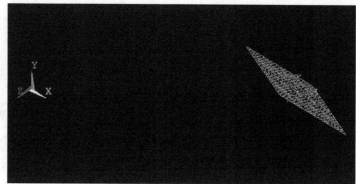

图 4-5　工作面旋转

第 5 章　实体建模与网格划分

5.1　实体模型及有限元模型

现今几乎所有的有限元分析模型都用实体模型建模。类似于 CAD，ANSYS 以数学的方式表达结构的几何形状，用于在里面填充节点和单元，还可以在几何模型边界上方便地施加荷载。但是，几何实体模型并不参与有限元分析。所有施加在几何实体边界上的荷载或约束必须最终传递到有限元模型（节点或单元）上进行求解。

（1）自底向上法（Bottom-up Method）由建立最低单元的点到最高单元的体积，即建立点，再由点连成线，然后由线组合成面积，最后由面积组合建立体积。

（2）自顶向下法（Top-down Method）与布尔运算命令一起使用此方法直接建立较高单元对象，其所对应的较低单元对象将一起产生，对象单元高低顺序依次为体积、面积、线段及点。所谓布尔运算为对象相互加、减、组合等。

（3）混合使用前两种方法。依照个人经验，可结合前两种方法综合运用，但应考虑要获得什么样的有限元模型。

5.1.1　点定义

实体模型建立时，点是最小的单元对象，为机械结构中一个点的坐标，点与点连接成线也可直接组合成面积及体积。点的建立按实体模型的需要而设定，但有时会建立些辅助点以帮助其他命令的执行，如圆弧的建立。

建立关键点（Keypoint）坐标位置（X，Y，Z）及点的号码 NPT 时，号码的安排不影响实体模型的建立，点的建立也不一定要连号，但为了数据管理方便，定义点之前先规划好点的号码，有利于实体模型的建立。在圆柱坐标系下，X、Y、Z 对应于 R、θ、Z，球面坐标下对应着 R、θ、Φ。

　　　　Menu Paths: Main Menu > Preprocessor > Create > Key Point > in Active Cs
　　　　Menu Paths: Main Menu > Preprocessor > Create > Key Point > on Working Plane

5.1.2　面积定义

实体模型建立时，面积为体积的边界，由线连接而成，面积的建立可由点直接相接或线段围接而成,并构成不同数目边的面积。

以点围成面积时,点必须以顺时针或逆时针顺序输入,面积的法向按点的输入顺序依右手定则确定。

此命令用已知的一组点(P1~P9)来定义面积(Area),最少使用三个点才能围成面积,同时产生围成面积的线段。点要依次输入,输入的顺序会决定面积的法线方向。如果此面积超过了四个点,那么这些点必须在同一个平面上,如图5-1所示。

图5-1 面积定义

5.1.3 体积定义

体积为对象的最高单元,最简单的体积定义是由点或面积组合而成的。由点组合时,最多由八点形成六面体,八点顺序为相应面顺时针或逆时针皆可,其所属的面积、线段自动产生。

"V,P1,P2,P3,P4,P5,P6,P7,P8"此命令由已知的一组点(P1~P8)定义体积(Volume),同时也产生相对应的面积及线,如图5-2所示。点的输入必须依连续的顺序,以八点面为例,连接的原则以对应面相同方向为顺序,对于四点角锥、六点角柱的建立都适用。

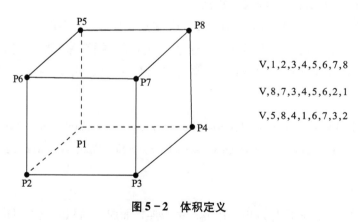

图5-2 体积定义

5.2 布尔运算

1. ADD 加运算

ADD 加运算是由多个几何图素生成一个几何图素，而且该图素是一个整体即没有"接缝"（内部的低级图素被删除），当然带孔的面或体同样可以进行加运算。

加运算仅限于同级几何图素，而且相交部分最好与母体同级，但在低于母体一级时也可作加运算。若体与体相加，其相交部分如为体或面，则加运算后为一个体；如相交部分为线，则运算后不能生成一个体，但可共用相交的线；如相交部分为关键点，加运算后同样共用关键点，但体不是一个，不能作完全的加运算。

如面与面相加，其相交部分如果为面或线，则可完成加运算，如图 5-3 所示。如果相交部分为关键点，则可能生成的图素会有异常，当然一般情况下不会出现这种加运算。

加运算完成后，输入图素的处理采用 BOPTN 的设置。如采用缺省设置，则输入图素被删除。

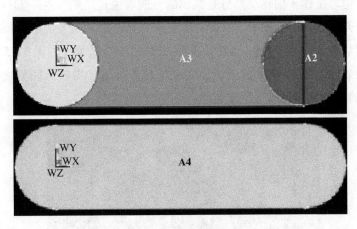

图 5-3 加运算

2. Subtract 减运算

Subtract 减运算就是"删除"母体中一个或多个与子体重合的图素。与加运算不同的是减运算可在不同级的图素间进行，但相交部分最多与母体相差一级；例如体体减运算时，其相交部分不能为线，为面或体均可完成运算，如图 5-4 所示。减运算结果的最高图素与母体图素相同。

减运算完成后，输入图素的处理可采用 BOPTN 的设置，如采用缺省设置，则输入图素被删除。也可不采用 BOPTN 的设置，而在减运算的参数中设置保留或删除，该设置高于 BOPTN 中的设置，并且减图素和被减图素均可设置删除或保留选项。减运算在处理相交图素时可选择共享或分离两种方式。

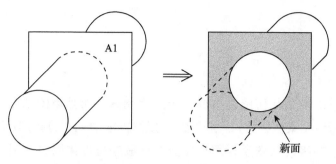

图 5-4 减运算

3. Divide 切分运算

用工作平面切分图素实际上是布尔减运算，即图素（线、面、体）减工作平面的运算（相当于 LSBA、ASBA、VSBA 命令），但工作平面不存在运算后的删除问题，且利用工作平面不用预先创建减去的面，因此在很多情况下非常方便。

这里的切分也存在"仅切不分"和"切而分"两种情况，前者将图素用工作平面划分为新的图素，但与工作平面相交部分是共享的，或者说是"粘"在一起的；而后者则将新生成的图素分开，是各自独立的，在同位置上存在重合的关键点、线或面。在网格划分中，常常将图素切分（仅切不分），以得到较为理想的划分效果，如图 5-5 所示。

输入图素的处理采用 BOPTN 的设置，如采用缺省设置，则输入图素被删除。也可不采用 BOPTN 中的设置，而强制保留或删除。

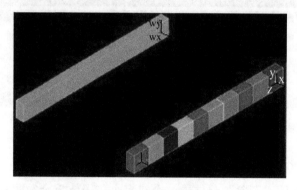

图 5-5 切分运算

4. Partition 分割运算

Partition 分割运算是将多个同级图素分为更多的图素，其相交边界是共享的，即相互之间通过共享的相交边界连接在一起。分割运算与加运算类似，但加运算是由几个图素生成一个图素，分割运算是由几个图素生成更多的图素，并且在搭接区域生成多个共享的边界。分割运算生成多个相对简单的区域，而加运算生成的是一个复杂的区域，因此分割运算生成的图素更易划分网格。

分割运算不要求相交部分与母体同级，相差级别也无限制。例如体的相交部分如果为关键点，进行分割运算后，体可以通过共享关键点连接起来。面的相交部分如果为线，则会共享该线并将输入面分为多个部分，分割运算容许不共面，如图 5-6 所示。

可以认为，分割运算包含了搭接运算，在建模过程中使用分割运算即可。分割运算完成后，其输入图素的处理方式采用 BOPTN 中的设置。

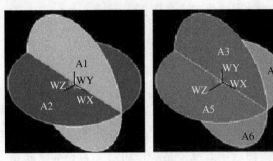

图 5-6　分割运算

5. Glue 粘接运算

Glue 粘接运算把两个或多个同级图素粘在一起，在其接触面上具有共享的边界。粘接运算要求参加运算的图素不能有与母体同级的相交图素。例如体体粘接时，其相交部分不能为体，但可为面、线或关键点，即相交部分的图素级别较母体低即可，如图 5-7 所示；面面粘接时，其相交部分只能为线或关键点，并且这些面必须共面；线线粘接时，其相交部分只能为线的端点，例如两个不在端点相交的线是不能粘接的。

粘接运算与加运算不同，加运算是将输入图通过运算合为一个母体，而经过粘接运算后参与运算的母体个数不变，即母体不变，但公共边界是共享的。粘接运算在网格划分中是非常有用的，即各个母体可分别有不同的物理和网格属性，进而得到优良的网格。

粘接运算也不是分割运算的逆运算，因为经分割运算后图素之间共享边界，此时无须粘接运算。

在建立比较复杂的模型时，可独立创建各个图素，然后通过粘接运算使其共享边界。这与采用各种方法创建一个母体，然后进行切分效果是一样的。如果图素之间本身就是共享边界的，当然也无须进行粘接运算。

粘接运算完成后，其输入图素的处理方式采用 BOPTN 中的设置。

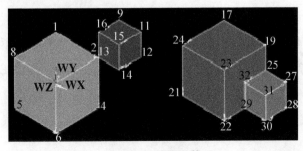

图 5-7　粘接运算

5.3 网格划分

在完成几何模型的建模之后,需对模型进行网格划分,生成节点和单元,得到最终的有限元模型。网格划分的过程分为三个步骤:

(1) 设置单元属性;

(2) 网格划分控制;

(3) 生成网格。

有限元模型的主要内容有节点、单元、实常数、材料属性、边界条件和荷载。有限元模型是由简单的单元组成,单元之间通过节点连接起来,并承受一定的荷载。其中节点的自由度个数与所求解的物理模型有关,单元可以分为点单元、线单元、面单元和体单元。在几何模型建立后,可以对其进行网格划分,生成有限元模型,为施加边界条件、施加荷载和进行求解做准备。

网格设定的参数将决定网格的大小、形状,这一步非常重要,它将影响分析时的正确性和经济性。网格细也许会得到很好的结果,但并非网格划分得越细,得到的效果就越好,因为网太密太细,会占用大量的分析时间。有时较细的网格与较粗的网格比起来,较细的网格分析的精却度只增加百分之几,但占用的计算机资源比起较粗的网格却是数倍之多,同时在较细的网格中,常会造成不同网格划分时连接的困难,这一点不能不特别注意。

1. 设置单元属性表

在生成节点和单元网格之前,必须定义合适的单元属性,包括以下几项:

(1) 单元类型——ET(如 BEAM3、SHELL63、SOLID65 等);

(2) 实常数——R(如厚度和横截面积等);

(3) 材料属性——MAT(如杨氏模量、泊松比等);

(4) 单元坐标系——ESYS;

(5) 截面号——SECNUM。

2. 网格划分前分配单元属性

建立了单元属性表,通过指向表中适合的条目即可对模型的不同部分分配单元属性。指针就是参考号码集,包括材料号(MAT)、实常数号(REAL)、单元类型号(TYPE)、坐标系号(ESYS)以及使用 BEAM188 和 BEAM189 单元时的截面号(SECNUM)。可以直接给所选的实体模型分配单元属性或者在生成各单元的网格划分中定义默认属性。

直接给实体模型分配单元属性时,允许对模型的每个区域预置单元属性,从而避免在网格划分过程中重置单元属性。清除实体模型的节点和单元不会删除直接分配给图元的属性。

(1) 给关键点分配属性:KATT。

　　GUI: Main Menu > Preprocessor > Meshing > Mesh Attributes > All Keypoints/Picked KPs

(2) 给线分配属性:LATT。

　　GUI: Main Menu > Preprocessor > Meshing > Mesh Attributes > All Lines/
　　Picked Lines

(3) 给面分配属性:AATT。

　　GUI: Main Menu > Preprocessor > Meshing > Mesh Attributes > All Areas/Picked Areas

(4) 给体分配属性:VATT。

　　GUI: Main Menu > Preprocessor > Meshing > Mesh Attributes > All Volumes/Picked Volumes

分配默认属性可以通过指向属性表的不同条目来实现,在开始划分网格时,ANSYS 程序会自动将默认的属性分配给模型。直接分配给模型的单元属性将取代上述默认属性,而且,当清除实体模型图元的节点和单元时,其默认的单元属性页将被删除。可以利用下列方式分配默认的单元属性。

　　TYPE, REAL, MAT, ESYS, SECNUM

　　GUI: Main Menu > Preprocessor > Modeling > Create > Elements > Element Attributes
　　Main Menu > Preprocessor > Modeling > Mesh Attributes > Default Attribs

3. 网格划分控制

ANSYS 使用的默认网格控制也许可以使分析模型生成足够的网格以便于分析。但是,如果采用网格划分控制,则必须在对实体模型网格划分之前设置网格划分控制。网格划分控制允许建立用于实体模型网格划分的因素,例如单元形状、中间节点的位置、单元大小等。此步骤是整个分析中最重要的步骤之一,因为此阶段所得到的有限元网格将对分析的准确性和经济性起决定性作用。

1) Element Attributes: 单元属性设置

这个命令将为划分的网格单元设置单元属性,在"Element Attributes"的下拉菜单中有五个选项,如图 5-8 所示。

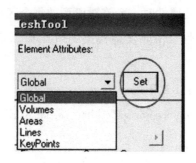

图 5-8 单元属性定义

选择其中需要设置单元属性的项，单击"Set"按钮，则弹出如图 5-9 所示的对话框，在该对话框中各选项可相应地设置单元类型号、材料参考号、实常数号、单元坐标号和截面号。

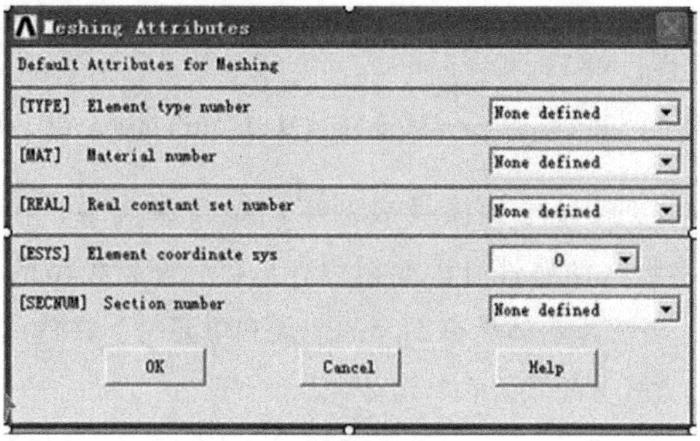

图 5-9 属性编号设置

2) SmartSize: 智能化控制

这个命令用于对网格划分进行智能化控制。但这个命令只在自由网格划分中有效，不能用于映射网格划分。

打开智能网格，尺寸级别的范围从 1（精细）到 10（粗糙），缺省级别为 6，级别越高说明网格越粗，如图 5-10 所示。

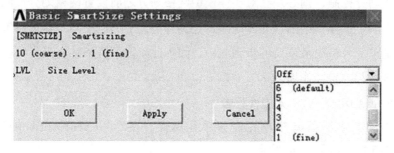

图 5-10 尺寸设置

· 38 ·

GUI: Main Menu > Preprocessor > Meshing > Size Controls > SmartSize > Basic

注意：只有关闭 MeshTool 对话框，才会出现 BASIC 菜单。

SmartSize 高级控制如图 5 - 11 所示。

GUI: Main Menu > Preprocessor > Meshing > Size Controls > SmartSize > Adv Opts

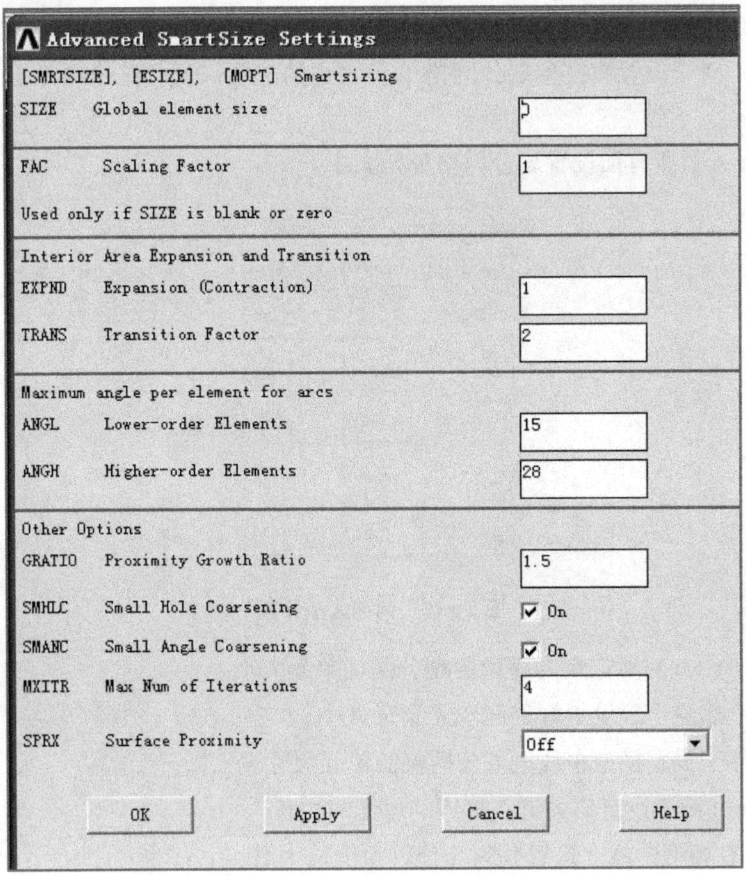

图 5 - 11　尺寸高级设置

（1）FAC: 用于计算默认网格尺寸的比例因子，取值范围 0.2 ~ 5。

（2）EXPND: 网格划分膨胀因子。该值决定了面内部单元尺寸与边缘处的单元尺寸的比例关系，取值范围 0.5 ~ 4。

（3）TRANS: 网格划分过渡因子。该值决定了从面的边界上到内部单元尺寸涨缩的速度，该值必须大于 1 而且最好小于 4。

3）Size Controls: 单元尺寸控制

此命令可以对不同几何元素的网格划分进行尺寸控制。

由于结构形状的多样性，在许多情况下，由缺省单元尺寸或智能尺寸产生的网格并不合适，在这些情况下，进行网格划分时必须做更多的处理。可以通过指定下述的单元尺寸来进行更多的控制，如图 5-12 所示，各项作用如下。

(1) Global: 对整个模型进行尺寸设置。

(2) Set: 设定网格单元边的长度和边界线上网格的个数。

(3) Areas: 设置面网格划分的选项，包括面网格缩放因子和网格过渡因子。

(4) Lines: 设置线网格划分的选项，仅包括线网格缩放因子。

(5) Keypts: 控制关键点的单元大小。

(6) Areas: 对于设置面模型划分网格单元大小的选项。执行这个命令会弹出子菜单，其功能如下。

① All Areas: 对所有面设置划分网格单元大小。

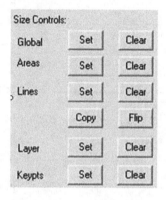

图 5-12　网格大小设置

② Picked Areas: 对所选定的面设置划分网格单元大小。

③ Clr Size: 删除已经设置好的面单元划分大小。

④ Lines: 用于设置模型中线上划分网格的单元尺寸。

⑤ Keypoints: 用于设定离关键点最近的单元的边长。

⑥ Layers: 在模型中线上设置分割等分数和步长比率。

4) 单元形状控制

(1) 同一网格区域的面单元（二维）可以是三角形或者四边形，体单元（三维）可以是六面体或四面体形状。

(2) 在进行网格划分之前，应该决定是使用 ANSYS 对于单元形状的默认设置，还是自己指定单元形状。

(3) Mesh 命令的功能是对实体单元划分网格进行控制。在"Mesh"后的下拉菜单中有 Volumes、Areas、Lines 和 Keypoints 四个模型选项，选择不同的实体模型会有不同的单元形状选项，选择合适的单元形状，再选择网格划分方式，单击"Mesh"按钮，即可开始网格划分，如图 5-13 所示。若对网格划分结果不满意，可以单击"Clear"按钮，清除网格，然后可以更新设置并重新划分网格。

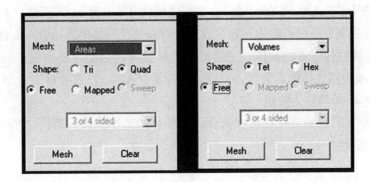

图 5-13 单元形状定义

5）网格划分器的选择

两种主要的网格划分方法为：自由网格划分和映射网格划分。

（1）自由网格划分：

① 无单元形状限制；

② 网格无固定的模式；

③ 适用于复杂形状的面和体。

（2）映射网格划分：

① 面的单元形状限制为四边形或三角形，体的单元限制为六面体（方块）；

② 通常有规则的形式，单元明显成行；

③ 仅适用于"规则"的面和体，如矩形和方块。

自由网格划分是面和体网格划分时的缺省设置。生成自由网格比较容易：导出 MeshTool 工具，将划分方式设为自由划分。推荐使用智能网格划分进行自由网格划分，激活它并指定一个尺寸级别，然后存储数据库，再按"Mesh"按钮开始划分网格，最后按拾取器中的 Pick All 选择所有实体。

映射网格划分要求面或体有一定的形状规则，可以指定程序全部用四边形面单元、三角形单元或者六面体单元生成网格模型。面映射网格划分包括四边形单元或者三角形单元划分，面映射网格需满足下列条件。

① 该面必须是三条边或者四条边（有无连接均可）。

② 如果是四条边，对边必须划分为相同数目的单元，或者是划分一过渡型网格。如果是三条边，则线分割总数必须是偶数且每条边分割数相同。

③ 网格划分必须设置为映射网格。如果一个面多于四条边，则不能直接用映射网格划分，但可以使某些线合并，或者在连接时让总线数减少到四条之后再用映射划分网格，方法为：

    a. 连接线 LCCAT；

    b. 合并线 LCOB。

体映射网格划分要将体全部划分为体六面体单元，必须满足下列条件。

① 该体的外形应为块状（6个面）、楔形或棱柱（5个面）、四面体（4个面）。

② 对边上必须划分相同的单元数，或分割符合过渡网格形式适合六面体网格划分。

③ 如果是棱柱体或者四面体，三角形上的单元分割数必须是偶数。当采用映射网格划分单元需要减少围成体的面数时，可对面进行加（AADD）或者连接（ACCAT）。

6) Refine at: 局部细化控制

在"Refine at"后的下拉菜单中选择网格细化的范围，然后单击"Refine"按钮，进行局部网格的细化。

5.4 练习

建立一个内径为 0.2 m，外径为 0.4 m，长度为 1 m 的圆管，并对圆管进行网格划分。

1. 生成面

单击主菜单中的 Preprocessor > Modeling > Create > Areas > Circle > Annular，弹出对话框。在"WP X"一栏中输入"0"，在"WP Y"一栏中输入"0"，在"Rad-1"中输入"0.2"，在"Rad-2"中输入"0.4"，单击"OK"按钮，如图 5-14 所示。

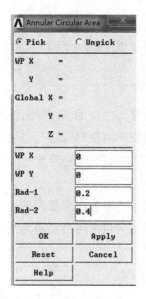

图 5-14 生成面

2. 生成三维实体

单击主菜单中的 Preprocessor > Modeling > Operate > Extrude > Areas > along Normal，弹出平面选择对话框，点选上一步骤生成的平面，单击"OK"按钮，弹出另一对话框，在"DIST"一栏中输入"1"，其他保留缺省设置，单击"OK"按钮关闭对话框，即可生成三维实体模型，如图 5-15 所示。

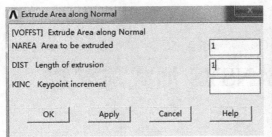 

图 5-15　生成三维实体模型

3. 网格划分

设定单元大小，单击主菜单中的 Preprocessor > Meshing > MeshTool，弹出对话框，在"Size Controls"标签中的 Global 一栏单击"Set"按钮，如图 5-16 所示，弹出网格尺寸设置对话框，在"SIZE"一栏中输入"0.02"，其他保留缺省设置，单击"OK"按钮关闭对话框，如图 5-17 所示。

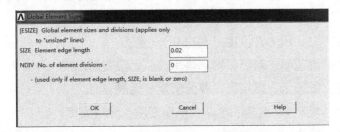

图 5-17　设置单元大小

接着上一步，划分网格的对话框中，选中单选框"Hex"和"Sweep"，其他保留缺省设置，然后单击"Sweep"按钮，弹出体选择对话框，点选实体，并单击"OK"按钮，如图 5-18 所示，即可完成对整个实体结构的网格划分，如图 5-19 所示。

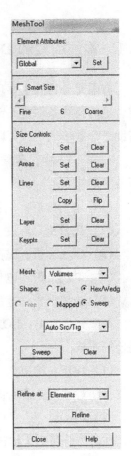

图 5-16　网格划分

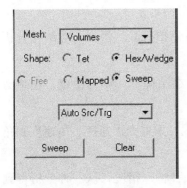 

图 5-18　设置单元大小　　图 5-19　实体结构的网格划分

第 6 章 ANSYS 加载与求解

6.1 施加荷载和 DOF 约束

有限元分析的主要目的是检查结构或构件对一定荷载条件的响应。因此，在分析中指定合适的荷载条件是关键的一步。在 ANSYS 程序中，可以用各种方式对模型加载，而且借助于荷载步选项，可以控制在求解中荷载如何使用。

在 ANSYS 中，荷载（Loads）包括边界条件和外部或内部作用力函数。不同学科中的荷载实例如下。

（1）结构分析：位移、力、压力、温度（热应变）、重力。

（2）热分析：温度、热流速率、对流、内部热生成、无限表面。

（3）磁场分析：磁势、磁通量、磁场段、源流密度、无限表面。

（4）电场分析：电势（电压）、电流、电荷、电荷密度、无限表面。

（5）流体分析：速度、压力。

荷载分为六类：DOF（约束）、力（集中荷载）、表面荷载、体积荷载、惯性荷载及耦合场荷载。

（1）DOF（约束）：将用一已知值给定某个自由度。例如，在结构分析中约束被指定为位移和对称边界条件；在热力分析中指定为温度和热通量平行的边界条件。

（2）Force（力）：施加于模型节点的集中荷载。例如，在结构分析中被指定为力和力矩，在热力分析中为热流速率，在磁场分析中为电流段。

（3）Surface Loads（表面荷载）：施加于某个表面上的分布荷载。例如，在结构分析中为压力，在热力分析中为对流和热通量。

（4）Body Loads（体积荷载）：体积或场荷载。例如，在结构分析中为温度，在热力分析中为热生成速率，在磁场分析中为流密度。

（5）Inertia Loads（惯性荷载）：由物体惯性引起的荷载，如重力加速度、角速度和角加速度，主要在结构分析中使用。

（6）Coupled-field Loads（耦合场荷载）：以上荷载的一种特殊情况，从一种分析得到的结果用作另一分析的荷载。例如，可施加磁场分析中计算出的磁力作为结构分析中的力荷载。

6.1.1 荷载步、子步和平衡迭代

荷载步仅仅是为了获得解答的荷载配置。在线性静态或稳态分析中，可以使用不同的荷载步施加不同的荷载组合，如在第一个荷载步中施加风荷载，在第二个荷载步中施加重力荷载，在第三个荷载步中施加风和重力荷载以及一个不同的支承条件，等等。在瞬态分析中，多个荷载步加到荷载历程曲线的不同区段。

ANSYS 程序将把在第一个荷载步中选择的单元组用于随后的所有荷载步，而不论已经为随后的荷载步指定哪个单元组。要选择一个单元组，可使用下列两种方法之一。

    Command(s)（命令）：
    ESEL
    GUI：
    Utility Menu > Select > Entities

图 6-1 显示了一个需要三个荷载步的荷载历程曲线：第一个荷载步用于（Ramped Loads）线性荷载，第二个荷载步用于荷载的不变部分，第三个荷载步用于卸载。

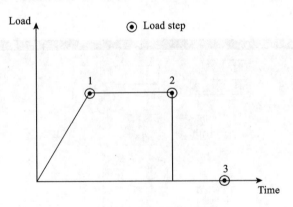

图 6-1 荷载历程曲线

子步为执行求解的荷载步中的点。使用子步，有如下几个原因。

（1）在非线性静态或稳态分析中，使用子步逐渐施加荷载以便获得精确解。

（2）在线性或非线性瞬态分析中，使用子步满足瞬态时间累积法则（为获得精确解通常规定一个最小累积时间步长）。

（3）在谐波响应分析中，使用子步获得谐波频率范围内多个频率处的解。

平衡迭代是在给定子步下为了收敛而计算附加解，仅用于非线性分析（静态或瞬态）中收敛的迭代修正。

6.1.2 跟踪中时间的作用

在所有静态和瞬态分析中，ANSYS 使用时间作为跟踪参数，而不论分析是否依赖于时

间。其好处是：在所有情况下可以使用一个不变的"计数器"或"跟踪器"，不需要依赖于分析的术语。此外，时间总是单调增加的，且自然界中大多数事情的发生都经历一段时间，而不论该时间多么短暂。

显然，在瞬态分析或与速率有关的静态分析（蠕变或黏塑性）中，时间代表实际的、按年月顺序的时间，用秒、分钟或小时表示。在指定荷载历程曲线的同时（使用 TIME 命令），还在每个荷载步结束点赋时间值，如图 6-2 和图 6-3 所示。通常使用下列方法之一赋时间值。

Command(s)（命令）：
TIME
GUI：
Main Menu > Preprocessor > Loads > Time/Frequenc > Time and Substps or Time-Time Step
Main Menu > Solution > Sol'n Control: Basic
Main Menu > Solution > Time/Frequenc > Time and Substps or Time-Time Step
Main Menu > Solution > Unabridged Menu > Time/Frequenc > Time and Substps or Time-Time Step

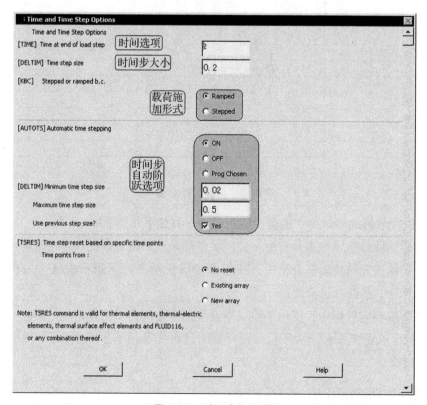

图 6-2　时间步长设置

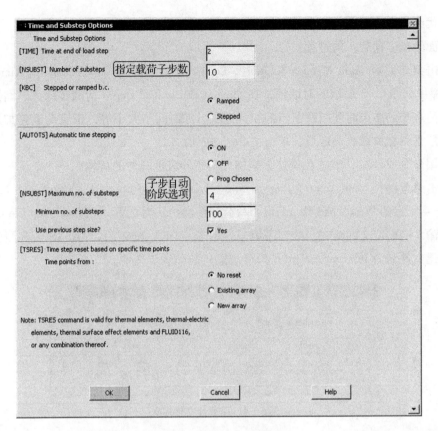

图 6-3 荷载子步设置

然而，在不依赖于速率的分析中，时间仅仅成为一个识别荷载步和子步的计数器。缺省情况下，程序自动对 TIME 赋值，在荷载步 1 结束时，赋 1；在荷载步 2 结束时，赋 2；依次类推。荷载步中的任何子步将被赋给合适的、用线性插值得到的时间值。在这样的分析中，通过赋给自定义的时间值，就可以建立自己的跟踪参数。例如，若要将 100 个单位的荷载增加到一荷载步上，可以在该荷载步结束时将时间指定为 100，以使荷载和时间值完全同步。

那么，在后处理器中，如果得到一个变形-时间关系图，其含义与变形-荷载关系相同。这种技术非常有用，例如，在大变形屈曲分析中，其任务是跟踪结构荷载增加时结构的变形。

当求解中使用弧长方法时，时间还表示另一含义。在这种情况下，时间等于荷载步开始时的时间值加上弧长荷载系数（当前所施加荷载的放大系数）的数值。ALLF 不必单调增加（即它可以增加、减少甚至为负），且在每个荷载步的开始时被重新设置为 0。因此，在弧长求解中，时间不作为"计数器"。

荷载步为作用在给定时间间隔内的一系列荷载。子步为荷载步中的时间点，在这些时间点之间，计算机求得中间解。两个连续的子步之间的时间差称为时间步长或时间增量。

平衡迭代纯粹是为了收敛而在给定时间点进行计算的迭代求解方法。

下面给出多荷载步的过程。

单击菜单路径 Main Menu > Solution > Load Step Opts > Time/Frequence > Time & Time Step，弹出如图 6-3 所示的对话框，在 Time at end of load step（荷载步结束时间）文本框中输入荷载步的结束时间以及子步的相关选项，如时间步大小等，指定荷载施加形式是阶跃荷载还是斜坡荷载，确定后，单击"OK"按钮。

使用命令或者 GUI 方式在模型上施加此荷载步应该施加的荷载。

单击菜单路径 Main Menu > Preprocessor > Loads > Load Step Opts > Write LS File，弹出如图 6-4 所示的 Write Load Step File（写荷载步文件）对话框，在 Load step file number 文本框中输入当前定义的荷载步的顺序编号，单击"OK"按钮后，ANSYS 会在当前工作目录下创建文件名为 Jobname. S0n(n 为指定值) 的荷载步文件。

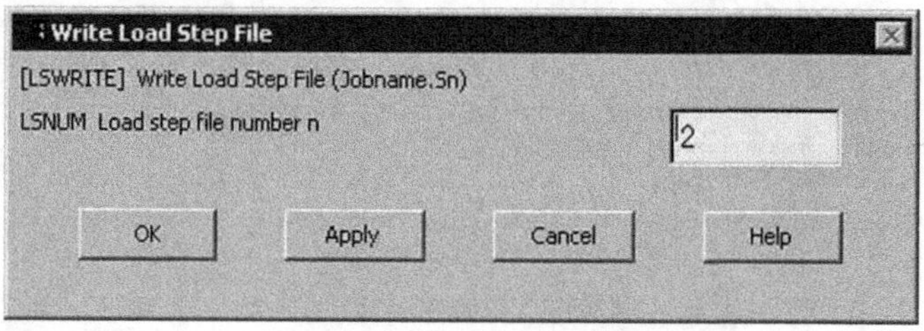

图 6-4 荷载步文件定义

重复上述步骤创建多个荷载步文件。在荷载步文件创建后，如果需要修改某一个荷载步选项或荷载，可以将此荷载步文件读入，修改之后重新写入，注意写入时指定的荷载步文件的顺序编号一定要与读入的荷载步文件顺序编号相同。否则，其他荷载步文件将会被覆盖。

LSREAD 命令用来读取荷载步文件：

Command: LSREAD

单击菜单路径后，弹出如图 6-5 所示的 Read Load Step File（读荷载步文件）对话框，在 Load step file number 文本框中输入欲读取的荷载步文件顺序编号，单击"OK"按钮即可读入指定荷载步文件。

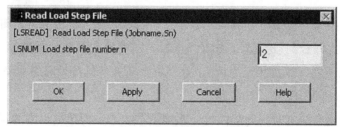

图 6-5 读取荷载步文件

6.1.3 荷载的施加

大多数荷载既可以施加于实体模型（关键点、线和面），也可以施加于有限元模型（节点和单元）。但 ANSYS 的求解器期望所有荷载均依据有限元模型，因此，如果将荷载施加于实体模型，在开始求解时，ANSYS 会自动将这些荷载转换到节点和单元上，当然也可以通过命令转换。

荷载施加到实体的优点如下。

（1）实体模型荷载独立于有限元网格，可以只改变单元网格而不必改变施加的荷载。

（2）与有限元模型相比，实体模型通常包括较少的实体（点线面图元相对于节点和单元来讲要少许多）。因此，选择实体模型的实体并在这些实体上施加荷载要容易得多，尤其是通过 GUI 操作时。

荷载施加到实体的缺点如下。

（1）ANSYS 网格划分命令生成的单元处于当前激活的单元坐标系中。网格划分命令生成的节点使用整体笛卡儿坐标系。因此，实体模型和有限元模型可能具有不同的坐标系，加载的方向也会因此而不同。

（2）在缩减分析中，实体模型荷载不是很方便。此时，荷载施加于主自由度（只能在节点而不能在关键点定义主自由度）。

（3）不能显示所有实体模型荷载。如前所述，在开始求解时，实体模型荷载将自动转换到有限元模型。ANSYS 将改写任何已存在于对应有限元实体上的荷载。

6.1.4 如何加载

可将大多数荷载施加于实体模型（关键点、线和面）上或有限元模型（节点和单元）上。例如，可在关键点或节点施加指定集中力。同样地，可以在线和面或在节点和单元面上指定对流（和其他表面荷载）。无论怎样指定荷载，求解器期望所有荷载应依据有限元模型。因此，如果将荷载施加于实体模型，在开始求解时，程序会自动将这些荷载转换到节点和单元上。

6.1.5 DOF 约束

表 6-1 显示了每个学科中可被约束的自由度和相应的 ANSYS 标识符。标识符（如 UX、ROTZ、AY 等）所指的方向基于节点坐标系。

表 6-1 自由度标识符

学科	自由度	ANSYS 标识符
结构分析	平移 旋转	UX、UY、UZ ROTX、ROTY、ROTZ
热分析	温度	TEMP
磁场分析	矢量势 标量势	AX、AY、AZ MAG
电场分析	电压	VOLT
流体分析	速度 压力紊流 动能紊流 扩散速率	VX、VY、VZ PRES ENKE ENDS

下面是一些可用于施加 DOF 约束的 GUI 路径的例子。

GUI:

Main Menu > Preprocessor > Loads > Apply > Load Type > on Nodes

Utility Menu > List > Loads > DOF Constraints > on Keypoints

Main Menu > Solution > Apply > Load Type > on Lines

要将已施加在实体模型上的约束传递到对应的有限元模型，可使用下列方法之一。

Command(s)（命令）:
DRAN

GUI:

Main Menu > Preprocessor > Loads > Operate > Transfer to FE > Constraints Main Menu > Solution > Operate > Transfer to FE > Constraints

要传递所有实体模型的边界条件，可使用下列方法之一。

Command(s)（命令）:
SBCTRAN

GUI:

Main Menu > Preprocessor > Loads > Operate > Transfer to FE > All Solid Lds Main Menu > Solution > Operate > Transfer to FE > All Solid Lds

6.1.6 力（集中荷载）

表 6-2 显示了每个学科中可用的集中荷载和相应的 ANSYS 标识符。标识符（如 FX、MZ、CSGY 等）所指的任何方向都在节点坐标系中。

表 6-2 荷载标识符

学科	力	ANSYS 标识符
结构分析	力 力矩	FX、FY、FZ MX、MY、MZ
热分析	热流速率	HEAT
磁场分析	磁通量 电荷	CSGZ FLUX CHRG
电场分析	电流 电荷	AMPS CHRG
流体分析	流体流动速率	FLOW

下面是一些用于施加集中力荷载的 GUI 路径的例子。

GUI:

Main Menu > Preprocessor > Loads > Apply > Load Type > on Nodes Utility

Menu > List > Loads > Forces > on Keypoints

Main Menu > Solution > Loads > Apply > Load Type > on Lines

6.1.7 表面荷载

表 6-3 显示了每个学科中可用的表面荷载和相应的 ANSYS 标识符。注意：不仅可将表面荷载施加于线和面上，还可施加于节点和单元上。

表 6-3 表面荷载标识符

学科	表面荷载	ANSYS 标识符
结构分析	压力	PRES1
热分析	对流 热流量 无限表面	CONV HFLUX INF
磁场分析	麦克斯韦表面 无限表面	MXWF INF
电场分析	麦克斯韦表面 表面电荷密度 无限表面	MXWF CHRGS INF

续表

学科	表面荷载	ANSYS 标识符
流场分析	流体结构	FSI
	界面阻抗	IMPD
所有学科	超级单元荷载矢量	SELV

施加表面荷载的命令见表 6-4。

表 6-4 施加表面荷载的命令

位置	基本命令	其他命令
单元	SFE、SFELIST、SFEDELE	SFBEAM、SFFUN、SFGRAD
节点	SFLIST、SFDEL	SFSCALE、SFCUM、SFFUN
线	SFL、SFLLIST、SFLDELE	SFGRAD
面	SFA、SFALIST、SFADELE	SFGRAD
转换	SFTRAN	

下面是一些用于施加表面荷载的 GUI 路径的例子。

GUI:

Main Menu > Preprocessor > Loads > Apply > Load Type > on Nodes Utility

Menu > List > Loads > Surface Loads > on Elements

Main Menu > Solution > Loads > Apply > Load Type > on Lines

注：ANSYS 程序根据选择的单元和单元面来存储在节点上指定的面荷载。因此，如果对同一表面使用节点面荷载命令和单元面荷载命令，则一般使用单元面截荷命令。

6.1.8 体积荷载

表 6-5 显示了每个学科中可用的体积荷载和相应的 ANSYS 标识符。可将体积荷载施加于节点、单元、关键点、线、面和体上。

表 6-5 体积荷载标识符

学科	表面荷载	ANSYS 标识符
结构分析	温度	TEMP1
	Fluence	FLUE
热分析	热生成速率	HGEN
磁场分析	温度	TEMP1
	磁场密度 虚位移	JS MVDI
	电压降	VLTG

续表

学科	表面荷载	ANSYS 标识符
电场分析	温度 体积电荷密度	TEMP1 CHRGD
流体分析	热生成速率 力密度	HGEN FORC

施加体积荷载的命令见表 6-6。

表 6-6 施加体积荷载的命令

位置	基本命令	附加命令
节点	BF、BFLIST、BFDELE	BFSCALE、BFCUM、BFUNIF
单元	BFE、BFELIST、BFEDELE	BFESCAL、BFECUM
关键点	BFK、BFKLIST、BFKDELE	
线	BFL、BFLLIST、BFLDELE	
面	BFA、BFALIST、BFADELE	
体	BFV、BFVLIST、BFVDELE	
转换	BFTRAN	

下面是一些用于施加体积荷载的 GUI 路径的例子。

GUI:

Main Menu > Preprocessor > Loads > Apply > Load Type > on Nodes Utility

Menu > List > Loads > Body Loads > on Picked Elements

Main Menu > Solution > Loads > Apply > Load Type > on Keypoints Utility

Menu > List > Loads > Body Loads > on Picked Lines

Main Menu > Solution > Loads > Apply > Load Type > on Volumes

注：施加在节点指定的体积荷载独立于单元上的荷载。对于一给定的单元，ANSYS 程序按下列方法决定使用哪一荷载。

ANSYS 程序检查是否对单元指定体积荷载：

(1) 如果不是，则使用指定给节点的体积荷载；

(2) 如果单元或节点上无体积荷载，则通过 BFUNIF 命令指定的体积荷载生效。

1. 在线、面和体上施加体积荷载

可以使用 BFL、BFA 和 BFV 命令分别在实体模型的线、面和体上施加体积荷载。施加在实体模型的线上的体积荷载被转换到对应的有限元模型的节点上；施加在实体模型的面或体上的体积荷载被转换到对应的有限元模型的单元上。

2. 施加均布体积荷载

使用BFUNIF命令可对模型中的所有节点施加均布体积荷载。最常见的是使用该命令或路径指定一均布温度场，即结构分析中的一均布温度体积荷载或瞬态热力分析或非线性热力分析中的均布起始温度。也就是在该缺省温度下，ANSYS程序评价与温度相关的材料的特性。

另一种指定均布温度的方式如下。

Command(s)(命令)：BFUNIFGUI:

Main Menu > Preprocessor > Loads > Apply > Temperature > Uniform Temp

Main Menu > Preprocessor > Loads > Settings > Uniform Temp

Main Menu > Solution > Apply > Temperature > Uniform Temp

Main Menu > Solution > Settings > Uniform Temp

3. 重复体积荷载指定

缺省情况下，如果在相同节点或单元处重复指定一个体积荷载，则新指定替代原先的指定。使用下列方法之一可将该缺省值改变为忽略重复指定。

Command(s)(命令)：
BFCUM，BFECUM
GUI:

Main Menu > Preprocessor > Loads > Settings > Nodal Body Ld

Main Menu > Preprocessor > Loads > Settings > Elem Body Lds Main

Menu > Solution > Settings > Nodal Body Ld

Main Menu > Solution > Settings > Elem Body Lds

使用该命令或其等价的路径进行设置，计算机会保持设置不变，直到再次使用该命令或路径。要重新设置缺省设置（替换），仅需发一个不带变元的该命令或路径命令即可。

6.1.9 耦合场荷载

在耦合场分析中，通常包含将一个分析中的结果数据施加于第二个分析中，作为第二个分析的荷载。例如，可以将热力分析中计算的节点温度施加于结构分析（热应力分析）中，作为体积荷载。同样地，可以将磁场分析中计算的磁力施加于结构分析中，作为节点力。要施加这样的耦合场荷载，可使用下列方法之一。

Command(s)(命令)：
LDREAD

GUI：

Main Menu > Preprocessor > Loads > Apply > Load Type > From Source

Main Menu > Solution > Apply > Load Type > From Source

6.1.10 轴对称荷载和反作用力

对约束、表面荷载、体积荷载和 Y 方向加速度，可以像对任何非轴对称模型上定义这些荷载一样来精确地定义这些荷载。然而，对集中荷载的定义，过程有所不同。因为这些荷载大小、输入的力、力矩等数值是在360°范围内进行的，即根据沿周边的总荷载输入荷载值。轴对称结果也按对应的输入荷载相同的方式解释，即输出的反作用力、力矩等按总荷载（360°）计。

6.2 求解

ANSYS 在求解方面，计算机能够解由有限元方法建立的联立方程，求解的结果为：节点的自由度值为基本解原始解的导出值，单元解通常是在单元的公共点上计算出的，ANSYS 程序将结果写入数据库和结果文件（Jobname.RST，Jobname.RTH，Jobname.RMG 和 Jobname.RFL 文件）。

ANSYS 程序中有几种解联立方程系统的方法：稀疏矩阵直接解法、直接解法、雅可比共轭梯度法（JCG）、不完全乔莱斯基共轭梯度法（ICCG）、预条件共轭梯度法（PCG）、自动迭代法（ITER）。除了子结构分析的生成过程与电磁分析（使用正向直接解法），缺省为稀疏矩阵直接解法，作为这些求解器的补充，ANSYS 并行处理包括两个多处理器求解器，代数多栅求解器（AMG）与分布式求解器（DDS）。

可用以下方法选择求解器：EQSLV 图形界面方式：

Main Menu > Preprocessor > Loads > Analysis Options

Main Menu > Solution > Sol'n Control: Sol'n Options Tab

Main Menu > Solution > Unabridged

Menu > Analysis Options Main Menu > Solution > Analysis Options

1. 使用简化求解菜单

如果使用图形用户界面 GUI 执行静态、瞬态、模态与屈曲结构分析，可以选择使用简化菜单或非简化菜单。

（1）非简化菜单列出所有求解选项，而不考虑是否是当前分析的推荐选项或是可用选项。如果某选项在当前分析中不可用，则在列表中以灰色显示。

（2）简化菜单非常简洁，只列出要进行分析的选项。例如，进行静态分析，模式循环选项将不会出现在简化菜单中。只有那些当前分析可用或被推荐的选项才会显示。

如果进行结构分析，当进入求解处理器（Main Menu > Solution）时，简化菜单显示如图6-6所示。

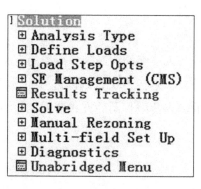

图6-6 求解器

如果进行的分析既不是静态又不是全瞬态的话，可以使用上面显示菜单中的选项完成分析的求解阶段。可是，如果选择了另外的分析类型，上面看到的缺省简化求解菜单将被另外的求解菜单替换，新的菜单适用于所选择的分析类型。

各种简化求解菜单都包含了非简化菜单选项，如果喜欢非简化求解菜单，这一选项一直可用。

如果在做一个分析时选择开始一个新的分析，ANSYS将会显示前一分析所用的求解菜单。例如，如果选择使用非简化求解菜单进行静态分析并且选择了一个新的屈曲分析，ANSYS将显示非简化求解菜单以供屈曲分析使用。然而，在分析求解阶段的任何时候都可以选择相应菜单选项在简化与非简化求解菜单中切换。操作命令如下：

　　　　Main Menu > Solution > Unabridged Menu

或

　　　　Main Menu > Solution > Abridged Menu

2. 使用求解控制对话框

如果进行静态与全瞬态分析，那么可以使用改进的求解界面（称为求解控制对话框）设置许多分析选项。求解控制对话框由五个选项卡组成，每个选项卡都包含了相关的求解控制。在指定多荷载步分析中每个荷载步的设置时，对话框非常有效。

只要进行结构静态或全瞬态分析，求解菜单将包含Sol'n选项，如图6-7所示。当单击Sol'n控制菜单项时，求解控制对话框就会出现，如图6-8所示。这个对话框为分析设置与荷载步选项设置提供了统一的界面。

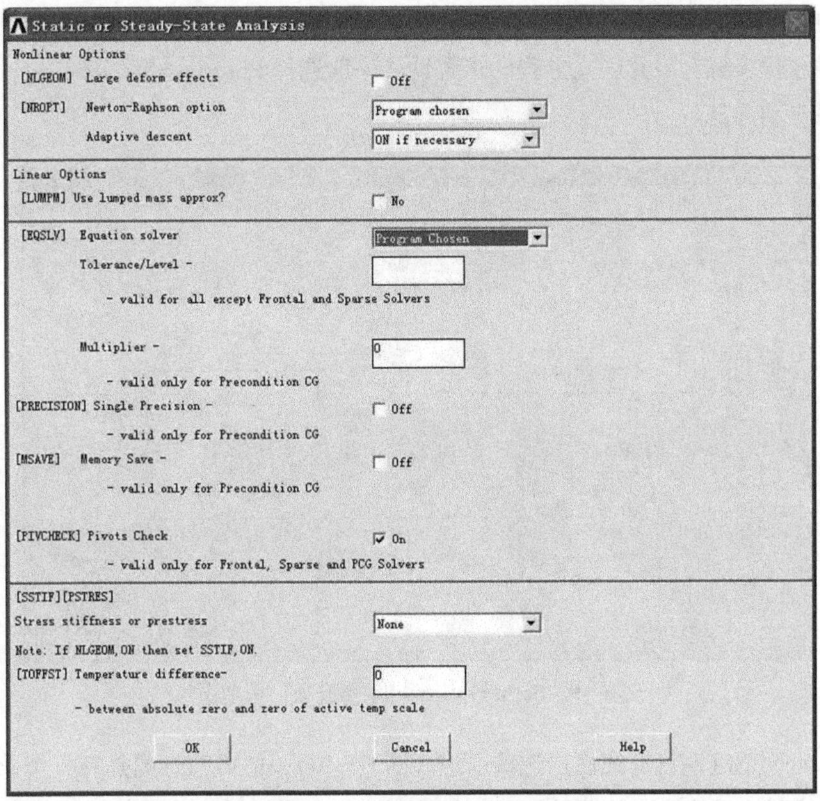

图 6-7 静态求解设置

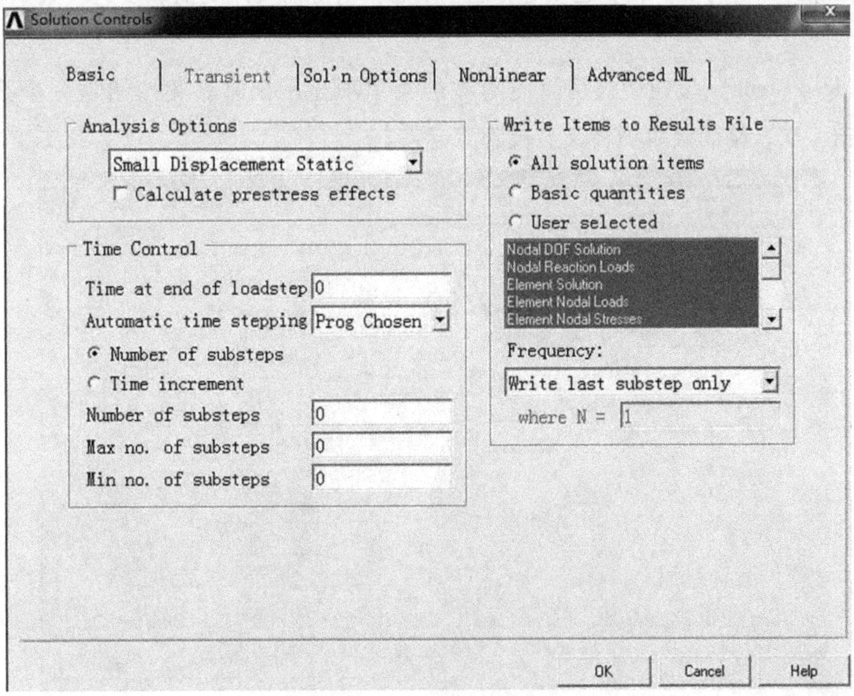

图 6-8 求解控制器选项

Sol'n Options（求解选项）选项卡（图 6-9）中提供了 Equation Solvers（方程求解器）的选项以供选择求解有限元联立方程的求解器，一般选择 Program chosen solver，使方程求解器由程序自动选定。

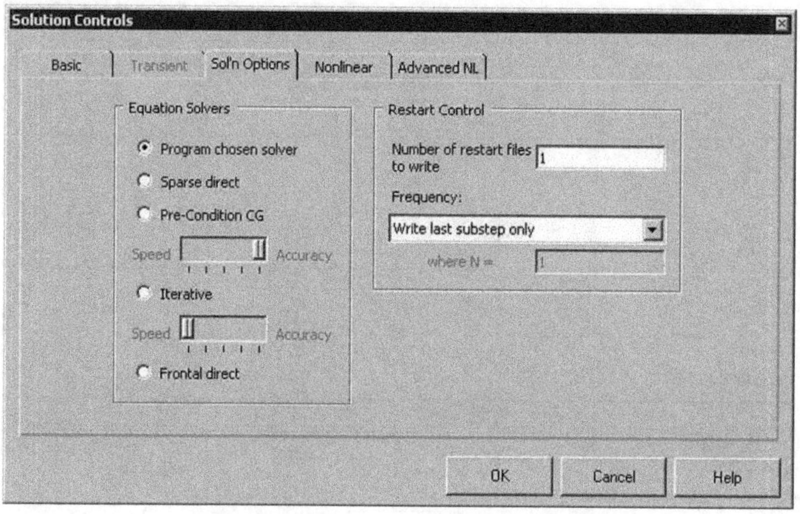

图 6-9 Sol'n Options（求解选项）选项卡

在 Advanced NL(高度非线性)选项卡中（图 6-10），值得注意的是有一个菜单控制按钮，此按钮控制是否精简有关菜单项，一般情况下，这些被精简的菜单项可能并不会被用到，比如在静力分析时的荷载步选项等，但在瞬态分析等需要用到荷载步选项菜单时可以单击此按钮。

"Abridged Menu"按钮使被精简而隐藏的菜单项显示出来。此按钮是一个开关式按钮，再单击一次，精简菜单项将又会被隐藏起来。

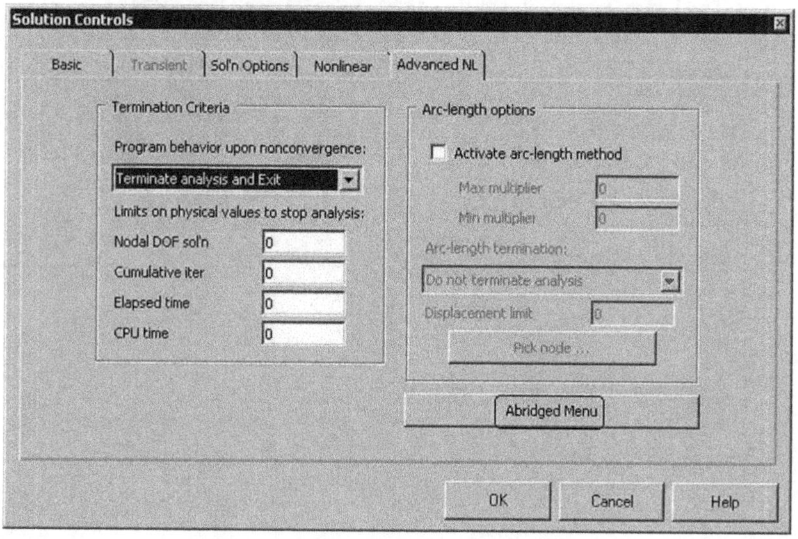

图 6-10 Advanced NL(高级)选项卡

需要注意的是,求解控制菜单项并不是在所有分析类型中都可用。

3. 可能出现的问题

在可能产生不定解或非唯一解的分析中,当求解方程的主元为负或零时会出现所谓的奇异解。

下述条件有可能会导致求解过程出现奇异解。

(1) 约束条件不足,有可能存在刚体位移。

(2) 材料特性为负,如在瞬态分析中的密度或温度。

(3) 连接点无约束,单元排列可能会引起奇异性。

(4) 屈曲。当应力刚化效果为负(受压)时,结构受载后变弱。若结构变弱到刚度减小到零或负值时,就会出现奇异解。

(5) 零刚度矩阵(在行或列上)。如果刚度的确为零,线性或非线性分析都会忽略所加的荷载。通常情况下,求解过程出现奇异解时会停止求解并打印出相关的错误信息,但可以通过命令 PIVCHECK 设置是否要停止分析。PIVCHECK 的缺省值为 ON,可以将其设为 OFF 使求解出现奇异解时仍能继续求解。

当进入对话框时,上面所示的基本标签页将被激活。完整的选项卡列表按从左到右的顺序如下:

(1) Basic(基本)选项卡;

(2) Transient(瞬态)选项卡;

(3) Sol'n Options(求解选项)选项卡;

(4) Nonlinear(非线性)选项卡;

(5) Advanced NL(高度非线性)选项卡。

每个控制都被逻辑分类于选项卡,最基本的控制在第一个选项卡。后面的选项卡将提供逐渐高级的控制。Transient(瞬态)选项卡包含瞬态分析控制,仅当选择瞬态分析时可用,如果选择静态分析,它将保持灰色。

求解控制对话框上每个控制对应一个 ANSYS 命令,表 6-7 解释了选项卡与功能命令之间的关系,两种方式都可使用。

表 6-7 求解控制对话框选项卡与命令之间的关系

求解控制对话框选项卡	选项卡的功能	与该选项卡对应的命令
Basic(基本)	指定想执行的分析类型控制不同的时间设定 指定希望 ANSYS 写入数据库的求解数据	ANTYPE、NLGEOM、TIME、AUTOTS、NSUBST、DELTIM、OUTRES

续表

求解控制对话框选项卡	选项卡的功能	与该选项卡对应的命令
Transient（瞬态）	指定瞬态选项，例如对阶跃荷载的瞬时效应与渐变 指定阻尼选项 指定积分参数	TIMIN TINTPT、KBC、ALPHAD、BETAD
Sol'n Options（求解选项）	指定想用的方程求解器类型 指定多架构重启的参数	EQSLV、RESCONTROL
Nonlinear（非线性）	控制非线性选项，例如线搜索与求解预测 指定每个子步允许的最大迭代数目 显示是否想在分析中（包括蠕变计算）控制对分来设定收敛标准	LNSRCH、PRED、NEQ1、RATE、CUTCONTROL、CNVTOL
Advanced NL（高度非线性）	指定分析终止标准 控制弧长法的激活与终止	NCNV、ARCLEN、ARCTRM

一旦对基本选项卡上的设定满意，就不需要改变其他选项卡，除非要改变一些高级控制。只要在对话框任一选项卡上单击"OK"按钮，设置将被应用到 ANSYS 数据库，对话框也将关闭。

注：如果改变了一个或多个选项卡设置，仅当单击"OK"按钮关闭对话框时改变才会应用到 ANSYS 数据库。

6.3 练习

模型采用上一章的钢筒模型，然后将钢筒左端完全固定，对钢筒施加重力，并进行求解。

1. 施加位移约束

单击主菜单的 Preprocessor > Loads > Define Loads > Apply > Structural > Displacement > on Areas，弹出面选择对话框，单击该实体的左端面，单击"OK"按钮，弹出对话框如图 6-11 所示，选择右上列表框中的"All DOF"，并单击"OK"按钮，即可完成对左端面的位移约束。

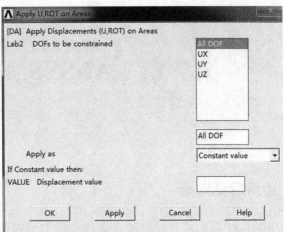

图 6-11　施加位移约束

2. 施加重力荷载

单击主菜单中的 Preprocessor > Loads > Define Loads > Apply > Structural > Inertia > Gravity，在弹出对话框的"ACELY"一栏中输入"9.8"（表示沿 Y 方向的重力加速度为 9.8 m/s，系统会自动利用密度等参数进行分析计算），其他保留缺省设置，单击"OK"按钮关闭对话框，如图 6-12 所示。

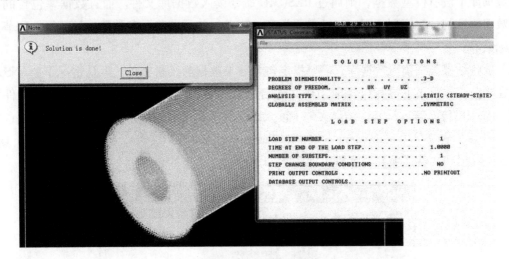

图 6-12　施加重力荷载

3. 求解

单击主菜单中的 Solution > Solve > Current LS，在弹出对话框中单击"OK"按钮，开始进行分析求解。分析完成后，又弹出一信息窗口提示用户已完成求解，单击"Close"按钮关闭对话框即可。至于在求解时产生的 STATUS Command 窗口，单击 File > Close 关闭即可。

第 7 章　ANSYS 结果后处理

7.1　通用后处理器

使用 POST1 通用后处理器可观察整个模型或模型的一部分在某一时间点（或频率）上针对指定荷载组合时的结果。POST1 有许多功能，包括从简单的图像显示到针对更为复杂数据操作的列表，如荷载工况的组合。

要进入 ANSYS 通用后处理器，输入/POST1 命令（Main Menu > General Postproc）。

7.1.1　数据结果读取

POST1 中第一步是将结果数据从结果文件读入数据库（由 ANSYS 维护的作为当前 ANSYS 工作空间的内存区域）。要这样做，数据库中首先要有模型数据（节点、单元等）。若数据库中没有模型数据，则通过 RESUME 命令读入数据库文件。而且数据库包含的模型数据应该与计算模型相同，包括单元类型、节点、单元、单元实常数、材料特性和节点坐标系等。

欲将结果数据读入数据库，需要指定包含结果数据的结果文件。默认情况下，ANSYS 会在当前工作目录下寻找以当前工作文件名命名的结果文件（对于结构分析，此文件为 Jobname.RST），若欲从其他结果文件中读入结果数据，可通过如下步骤选定结果文件：

（1）单击菜单项 Main Menu > General Postproc > Data & File Opt，弹出 Data and File Options（数据和文件选项）对话框，如图 7-1 所示。

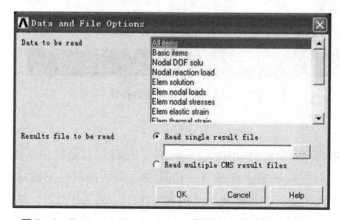

图 7-1　Data and File Options（数据和文件选项）对话框

(2) 图 7-1 中，Data to be read（读取数据类型选项）列表框中列出的类型选项与 Solution Controls 对话框 Basic 选项卡中 Write Item to Results File 控制区域所定义的输出控制选项为互相对应的两组选项。可以通过这些选项过滤掉那些不感兴趣的数据项以加快后处理的速度，默认为读入全部结果数据类型（All items）。可以通过 FILE 选项（在 Results file to be read 文本框中输入结果文件名和路径即可）确定结果文件。确定后单击"OK"按钮即可。

一旦模型数据已经存在于数据库中，通过 SET、SUBSET 或 APPEND 命令均可从结果文件中读入结果数据。也可以通过单击菜单项 Main Menu > General Postproc > Results Summary 列表显示结果文件中的概要数据，如荷载步数以及每一荷载步的子步数和总共包含的时间（频率）点数等，如图 7-2 所示。

注意：SUBSET 命令和 APPEND 命令的区别是，SUBSET 命令是覆盖当前数据，而 APPEND 命令是对数据库进行追加。同时，在使用 APPEND 命令时需要注意，不恰当的操作容易造成数据类型的不匹配。

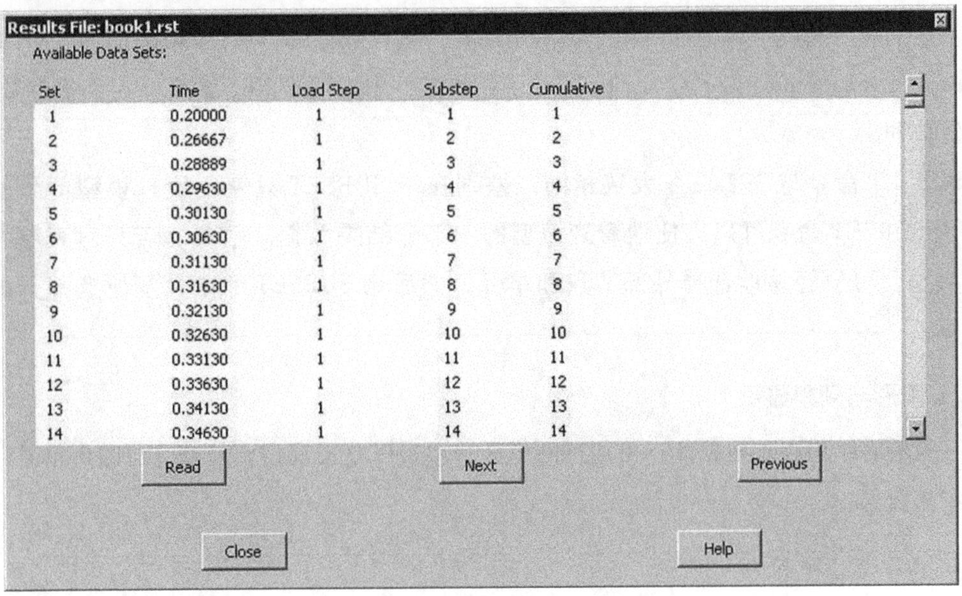

图 7-2　子步结果数据

选取某一子步结果数据并将其读入数据库中的方法可以直接通过 SET 命令（Main Menu > General Postproc > Read Results），以不同的方式读入特定的结果数据，同时覆盖掉数据库中以前存在的数据。比如：

① 单击菜单路径 Main Menu > General Postproc > Read Results > First Set，读入第一子步的结果数据；

② 单击菜单路径 Main Menu > General Postproc > Read Results > Next Set/Previous Set 可

以读入当前子步的后一子步或前一子步数据；

③ 单击菜单路径 Main Menu > General Postproc > Read Results > Last Set，读入最后一个子步的数据。

还可以通过荷载步（by Load Step）、子步号（by Set Number，注意这时的子步号不等同于每一荷载步的子步号，而是指每一子步在整个结果文件中的顺序号，即按照时间或者频率排列的顺序号，每一个荷载步中的每一子步都对应于唯一的此种编号，可以通过上文介绍的 Results Summary 获得此编号）、时间或频率（by Time/Freq）选择要读入的结果数据。如果在指定的时间点上没有结果数据，则 ANSYS 程序将通过线性插值计算出指定时间点上的结果值。

若欲读取模型中某一局部的结果数据，则需先选取感兴趣的区域的单元和节点，然后通过上面所介绍的方法读入结果数据。在通常的单荷载步静力分析中，求解完成后，结果数据已经存在于数据库中，如果此时马上进行后处理操作，可以不必再进行读入结果数据的操作。

为了只将所选模型部分的一组数据从结果文件读入数据库，可用 SUBSET 命令（Main Menu > General Postproc > by Characteristic）。结果文件中未用 INRES 命令指定恢复的数据，将以零值列出。

SUBSET 命令与 SET 命令大致相同，差别在于 SUBSET 只恢复所选模型部分的数据。用 SUBSET 命令可以方便地看到模型的一部分结果数据。例如，若只对表层的结果感兴趣，可以轻易地选择外部节点和单元，然后用 SUBSET 命令恢复所选部分的结果数据。

7.1.2 图形与列表显示

一旦所需结果存入数据库，可通过图像显示和表格方式观察。另外，可映射沿某一路径的结果数据。

1. 图像显示结果

图像显示可能是观察结果的最有效方法。POST1 可显示下列类型图像：

（1）云图显示；

（2）变形后的形状显示；

（3）路径绘图；

（4）反作用力显示；

（5）破碎图。

1）云图显示

云图显示表现了结果项（如应力、温度、磁场磁通密度等）在模型上的变化。云图显示中有四个可用命令。

（1）命令：

PLNSOL

GUI：

Main Menu > General Postproc > Plot Results > Nodal Solu

（2）命令：

PLESOL

GUI：

Main Menu > General Postproc > Plot Results > Element Solu

（3）命令：

PLETAB

GUI：

Main Menu > General Postproc > Plot Results > Elem Table

（4）命令：

PLLS

GUI：

Main Menu > General Postproc > Plot Results > Line Elem Res

2）变形后的形状显示

在结构分析中可以用这些显示命令观察结构在施加的荷载下的变形情况。用下列方法之一可产生变形后的形状显示。

命令：

PLDISP

GUI：

Utility Menu > Plot > Results > Deformed Shape

Main Menu > General Postproc > Plot Results > Deformed Shape

例如：可用以下 PLDISP 命令。

PLDISP，1！变形后的形状与原始形状叠加在一起。

可用命令/DSCALE 来改变位移比例因子。在进入 POST1 时，所有荷载符号会被自动关闭，以后再次进入 PREP7 或 SOLUTION 处理器时仍不会见到这些荷载符号。若在 POST1 中打开所有荷载符号，结果会在变形形状图上显示荷载。

3）路径图

路径图是显示某个量沿模型的某一预定路径的变化图。需要产生路径图，需执行下述步骤。

（1）用命令 PATH 定义路径属性：

Main Menu > General Postproc > Path Operations > Define Path > Defined Paths

（2）用命令 PATH 定义路径点：

Main Menu > General Postproc > Path Operations > Define Path > Modify Path

（3）用命令 PDEF 将所需的量映射到路径上：

Main Menu > General Postproc > Map onto Path

（4）用命令 PLPATH 和 PLPAGM 显示结果：

Main Menu > General Postproc > Path Operations > Plot Path Items

4）反作用力显示

与边界条件显示相同，反作用力用命令/PBC 下的 RFOR 或 RMOM 来激活。以后的任何显示（由 NPLOT、EPLOT 或 PLDISP 命令生成）将在定义了 DOF 约束的点处显示反作用力符号。约束方程中某一自由度节点力之和不应包含过该方程的力。

与反作用力一样，也可用命令/PBC（Utility Menu > Plotctrls > Symbols）中的 NFOR 或 NMOM 项显示节点力，这是单元在其节点上施加的力。每一节点处这些力之和通常为 0，约束点或加载点除外。缺省情况下，打印出的或显示出的力（或力矩）的数值代表合力（静力、阻尼力和惯性力的总和）。FORCE 命令（Main Menu > General Postproc > Options for Outp）可将合力分解成各分力。

5）破碎图

具有裂缝的混凝土梁若在模型中有 SOLID65 单元，可用 PLCRACK 命令（Main Menu > General Postproc > Plot Results > Crack/Crush）确定哪些单元已断裂或碎开。以小圆圈表示已断裂，以小八边形表示混凝土已压碎。在使用不隐藏矢量显示的模式下，可见断裂和压碎的符号。

用命令/DEVICE，VECTOR，ON（Utility Menu > Plotctrls > Device Options）。

2. 合成表面结果

INTSRF 命令（Main Menu > General Postproc > Nodal Calcs > Pressure Integrl）允许合成外表面处的节点结果，首先必须要在外表面选择所需要合成的节点。

利用 INTSRF 计算升力和阻力时，当表面为流－固表面时，仅需选择流体表面节点来进行合成。利用 NSEL 命令（Utility Menu > Select > Entities）和 EXT 选项选择节点。

利用 INTSRF 计算升力和阻力时，必须指定一个结果坐标系，其 X 方向为流体区域的引入方向，其 Y 方向为重力的方向。以便使升力方向为 X 方向，阻力方向为 Y 方向。然后利用 INTSRF，PRES 和 INTSRF，TAUW 分别得到升力和阻力，也可以利用 INTSRF，FLOW 得到分开的升力和阻力。结果将写入输出文件（Jobname.OUT）中。

合成结果为结果坐标系下的数值，结果坐标系的类型必须和分析中使用的坐标系类型相匹配，但可以对力和力矩进行所需的转换和旋转。利用 *GET 命令得到结果。

3. 其他列表

用下列命令可列出其他类型的结果。

（1）PRVECT 命令（Main Menu > General Postproc > List Results > Vector Data）列出所有被选单元指定的矢量大小及其方向余弦。

（2）PRPATH 命令（Main Menu > General Postproc > List Results > Path Items）计算然后在模型中沿预先定义的几何路径列出指定的数据。必须定义一路径并将数据映射到该路径上。

（3）PRSECT 命令（Main Menu > General Postproc > List Results > Linearized Strs）计算然后列出沿预定的路径线性变化的应力。

（4）PRERR 命令（Main Menu > General Postproc > List Results > Percent Error）列出所选单元在能量级的百分比误差。

（5）PRITER 命令（Main Menu > General Postproc > List Results > Iteration Summry）列出迭代次数概要数据。

7.1.3 单元表创建

ANSYS 程序的单元表有两个功能：第一，它是在结果数据中进行数学运算的工具；第二，它能够访问其他方法无法直接访问的单元结果。例如：从一维单元派生的数据如梁单元的应力、应变等（尽管 SET、SUBSET 等命令可以将所有欲读入的结果项读入数据库中，但并非所有的数据项均可直接用 PRNSOL 命令和 PLESON 命令访问）。可将单元表视为一个数据表：每行代表一个单元，每列则代表和单元相关的某个数据项。例如单元表中某一列可能包含单元的平均应力 SX，而另一列则代表了单元的体积，第三列则包含了各单元的质心的坐标等。

1. 单元表的创建

可通过下列命令及其对应的 GUI 路径创建、删除单元表：

Command: ETABLE

GUI: Main Menu > General Postproc > Element Table > Define Table

或者

Main Menu > General Postproc > Element Table > Erase Table

创建的单元表将包含所有当前选择集中的单元，因此如果要创建一个只包含特定单元的单元表，则需要首先通过 Utiliy Menu > Select 工具选定这些单元。

正如前文所述，单元表的列代表了数据项，所以需要根据需要为每列填入合适的数据项。填充的方法有两种：组件名法和序列号法。

为识别单元表的每列，在 GUI 方式下使用 Lab 字段或在 ETABLE 命令中使用 Lab 变量给每列分配一个标识，在以后的 POST1 操作中，如果欲引用已定义的单元表中的列，就必须通过此处定义的标识进行。填入单元表某一列中的数据靠 ETABLE 命令中的其他两个变量 Item 和 Comp 来识别，如图 7-3 所示。例如对于上面提及的 SX 应力，SX 是标识，S 是 Item 变量，X 是 Comp 变量。

有些数据项如单元的体积，不需 Comp。这种情况下，Item 为 VOLM，而 Comp 为空白。按 Item 和 Comp（必要时）识别数据项的方法称为填写单元表的组件名法，如图 7-4 所示。事实上，所有的单值结果项（每个单元只有一个值，在单元上没有变化，相反的，多值结果项在单元的各个节点上是有变化的）都可以通过组件名法访问，比如除了单元体积外，还有单元的质心（CENT）等。基本解数据（即节点位移）虽然可以使用 PLNSOL 等命令直接显示，但为了进一步处理，也可以使用单元表进行操作。使用组件名法访问的数据项通常是那些针对大多数单元类型和单元类型组计算出的数据项。

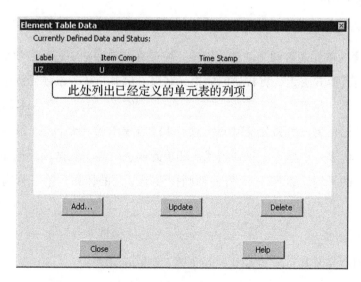

图 7-3 单元表数据对话框

第7章 ANSYS 结果后处理

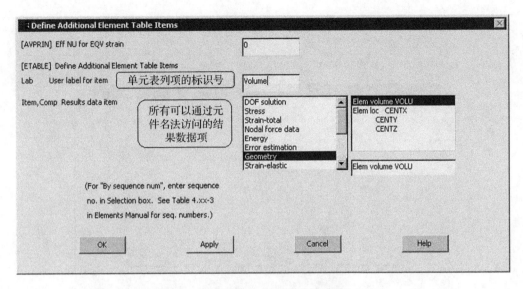

图 7-4 将结果数据项添加到单元表的一列

ETABLE 命令的文档通常列出了所有的 Item 和 Comp 的组合情况。然而对于各种单元类型，这些组合并不是全部有效。

2. 单元表的 GUI 操作步骤

（1）按照上节介绍的步骤读入结果数据，如果在求解完成后直接进行后处理操作，可以跳过此步。

（2）通过 Utility Menu > Select 选择欲加入单元表中的单元（也可跳过）。

（3）单击菜单项 Main Menu > General Postproc > Element Table > Define Table 弹出 Element Table Data（单元表数据）对话框，对话框的列表框中列出了已经定义的单元表列项目，可以更新（Update）或者删除（Delete）已经存在的列，如图 7-3 所示。

（4）单击"Add"按钮，弹出 Define Additional Element Table Items（添加单元表项）对话框，如图 7-4 所示。在 User label for item 文本框输入新添加的列标识符号（Lab），Results data item（结果数据项）区域的列表框列出了所有可以通过组件名法访问的结果数据项，然而对于具体的单元类型来说，这些项不一定都是有效的，需要查阅具体单元的输出定义表以确定可用项。图中左边的列表框按照结果数据的类别（位移、应力等）将结果数据分类，右边的列表框列出了每一类别下的具体结果项。

（5）先在左边列表框中选择要添加到单元表中的结果数据项的类别，然后在右边列表框中选择结果数据项（本例中选择 Elem volume VOLU）。选定欲添加的结果项后单击"OK"按钮，如果想继续添加则单击"Add"按钮，添加完毕后单击"OK"按钮；此时可以看到已经添加了新的一列，如图 7-5 所示。

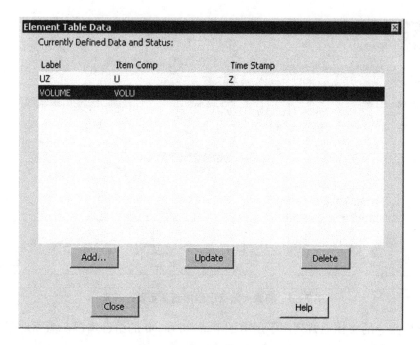

图 7－5　新添加的列

（6）全部添加结束后单击"Close"按钮，结束添加。

7.1.4　路径设置

ANSYS 通用后处理器 POST1 中一个强大的功能就是能够把计算出的结果数据映射到模型中的任意路径上。沿路径还可以进行各种数学运算和微积分运算，得到一些非常有用的计算结果，如开裂处的应力强度因子等。而且，用户还能用图形或者列表的方式观察结果项沿路径的变化情况。

但是仅能在包含实体单元（二维或三维）或板壳单元的模型中定义路径，对仅包含一维单元的模型，路径功能不可用。

欲以图形方式观察结果沿路径的变化或者沿路径进行数学运算需要遵从以下步骤：

（1）定义路径（PATH 命令）；

（2）定义路径点（PPATH 命令）；

（3）沿路径插值（映射）结果数据（PDEF 命令）。

一旦进行了数据插值，可用图像显示和列表显示两种方式观察结果沿定义的路径变化的情况，也可以执行算术运算，如加、减、积分等。下面分别对这些步骤进行介绍。

ANSYS 提供了三种定义路径的方法：通过节点定义路径、在工作平面上定义路径和通过路径定义点来定义路径。此处介绍通过节点定义路径的详细的 GUI 操作过程，其余的方法只给出命令及其对应的 GUI 路径。

通过节点定义路径：

  Command: PATH，PPATH

  GUI: Main Menu > General Postproc > Path Operations > Define Path > by Nodes

在工作平面上定义路径：

  Command: PATH，PPATH

  GUI: Main Menu > General Postproc > Path Operations > Define Path > on Working Plane

通过路径定义点来定义路径：

  Command: PATH，PPATH

  GUI: Main Menu > General Postproc > Path Operations > Define Path > by Location

下面给出通过节点定义路径的 GUI 操作步骤。

（1）单击菜单项 Menu > General Postproc > Path Operations > Define Path > by Nodes 弹出节点选择对话框，要求选择足够多的节点以定义路径。如果路径是直线或圆弧，则只需选择两个定义端点的节点即可（如果在柱坐标系下定义，两点确定的线为圆弧）。另外需要注意的是，由选择的节点连接生成的路径轨迹必须完全位于模型内部，即此路径上任一点均需位于模型内部。

（2）选择完毕后单击"OK"按钮，弹出如图 7-6 所示对话框。在 Define Path Name 文本框输入路径名 Name；在 Number of data sets（数据项的个数）文本框中输入可以映射到所定义的路径上的结果项数目的最大值 N Sets，此项最小值为 4（在定义路径项时，程序会自动映射 X、Y、Z、S 到每一条定义的路径上），默认值为 30；在 Number of divisions（相邻两点间的分割数）文本框中输入在相邻的两个定义点间的分割数 n div，此项值越大则映射到路径上的结果项变化越平滑，默认为 20。

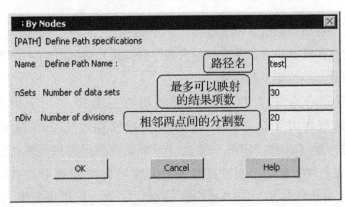

图 7-6 定义路径

(3) 定义完毕后单击 "OK" 按钮。

可以单击菜单路径 Main Menu > General Postproc > Path Operations > Define Path > Path Status > Defined Paths 查看已经定义的路径。模型中可以存在多个路径，但是同时只能有一个路径为当前路径，所有的显示以及操作均是对当前路径进行。单击菜单路径 Main Menu > General Postproc > Path Operations > Define Path > Path Status > Current Path 可以查看当前路径的信息，包括路径的定义点及其坐标等。可以通过单击菜单路径 Main Menu > General Postproc > Path Operations > Recall Path，在弹出的对话框中选择已定义的路径使其成为当前路径。可通过 Main Menu > General Postproc > Path Operations > Delete Path 菜单路径删除路径，删除路径可以根据选定的路径名删除指定的路径，也可删除所有路径。

7.2 时间 – 历程后处理器

时间 – 历程后处理器 POST26 用于检查模型中指定点的分析结果与时间、频率等的函数关系。它有许多分析能力：从简单的图形显示和列表到诸如微分和响应谱生成的复杂操作等。POST26 的典型应用一个是在瞬态分析中以图形方式产生结果项与时间的关系，另一个是在非线性分析中以图形表示作用力与变形的关系。

POST26 的所有操作都是对变量而言的，是结果项与时间（或频率）的关系。结果项可以是节点处的位移、节点产生的力、单元的应力等。可对每个 POST26 变量任意指定大于或等于 2 的参考号，参考号 1 用于时间（或频率）。因此，POST26 的第一步是定义所需的变量，第二步是存储变量。

使用下列命令及其对应的 GUI 方式进入 ANSYS 时间 – 历程后处理器：

Command: POST26

GUI: Main Menu > Time Hist Postpro

通常时间 – 历程后处理包含以下过程：

(1) 可以通过多种方式（图形交互或者命令行方式）进入时间 – 历程后处理 POST26；
(2) 定义变量，包括定义和存储。

可以使用下列命令定义 POST26 变量，所有这些命令与下列 GUI 方式等价：FORCE 命令指定节点力（合力、分力、阻尼力或惯性力），SHELL 命令指定壳单元（分壳层）中的位置（TOP、MID、BOT），ESOL 命令将定义该位置的结果输出（节点应力、应变等），NSOL 命令定义节点解数据（仅对自由度结果），ESOL 命令定义单元解数据（派生的单元结果），RFORCER 命令定义节点反作用数据，GAPF 命令定义简化的瞬态分析中间隙条件中的间隙力，SOLU 命令定义解的总体数据（如时间步长、平衡迭代数和收敛值）。

① 存储变量。

当定义了 POST26 变量和参数后，就相当于在结果文件的相应数据中建立了指针。存储变量就是将结果文件中的数据读入数据库。

可以使用下列命令操作存储数据。

a. MERGE 命令：将新定义的变量增加到先前的时间点变量中，即更多的数据列被加入到数据库。在某些变量已经存储（默认）后，如果希望定义和存储新变量，这个命令是十分有用的。

b. NEW 命令：代替先前存储的变量，即删除先前计算的变量，并存储新定义的变量及其当前的参数。

c. APPEND 命令：添加数据到先前定义的变量中，即如果将每个变量看做一个数据列，APPEND 操作就为每一列增加行数。当要将两个文件中（如瞬态分析中两个独立的结果文件）中相同变量集中在一列时，这个命令是很有用的。

d. "ALLOC, N" 命令：为顺序存储操作分配 N 个点（N 行）空间，此时如果存在当前定义的变量，那么将被自动清零。由于程序会根据结果文件自动确定所需的点数，所以，正常情况下不需要用该选项。

变量的操作时间-历程后处理器可以对定义好的变量进行一系列的操作，主要包括数学运算、生成响应谱等。数学运算：POST26 可以对原先定义的变量进行数学运算，ANSYS 提供了以下几种参数间的运算，如加、减、乘、除、微分、点积、叉积等。具体操作为 Main Menu > Time Hist Postpro > Math Operations。

生成响应谱：在时间-历程后处理器中，还可以根据实际需要生成各种响应谱，具体操作：Main Menu > Time Hist Postpro > Generate Spectrm。

② 设置变量。

设置从文件中读入变量的数据：

  Main Menu > Time Hist Postpro > Settings > File

设置要存储的变量数据：

  Main Menu > Time Hist Postpro > Settings > Data

设置列表输出格式：

  Main Menu > Time Hist Postpro > Settings > List

设置图形显示格式：

  Main Menu > Time Hist Postpro > Settings > Graph

③ 对变量进行进一步计算和处理。

④ 通过多种方式查看结果（图形输出、列表输出或者输出到文件中）。

时间-历程后处理器的大多数功能都可以通过变量查看器（Variable Viewer）进行访问，变量查看器集成了时间-历程后处理器的大部分功能，因此有必要简单介绍一下变量查看器。变量查看器如图7-7所示。

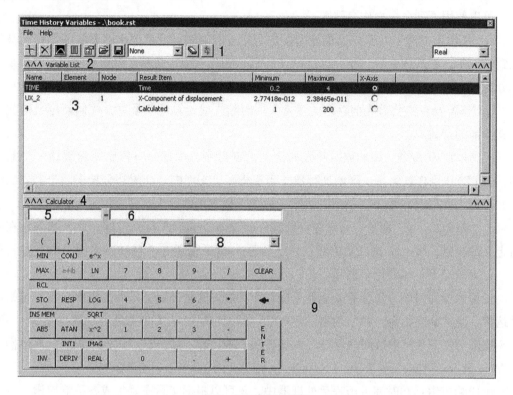

图7-7 变量查看器

下面是对变量查看器对话框各个部分的描述。

TOOLBAR（工具条）工具条包含以下条目。

（1）"Add Data（添加变量）"按钮：单击后打开添加时间-历程变量对话框。

（2）"Delete Data（删除变量）"按钮：从变量列表中删除选定的变数。

（3）"Graph Data（图形显示变量）"按钮：图形显示选定的变量，最多可以同时显示10个。

（4）"List Data（列表显示变量）"按钮：生成变量数据的列表，最多可以同时列出6个变量。

（5）"Properties（属性）"按钮：指定选定变量的属性。

（6）"Import Data（导入数据）"按钮：可以从外界读入变量数据。

（7）"Export Data（导出数据）"按钮：可将时间-历程后处理的变量数据导出到文件中或者数组参数中。

(8)"Overlay Data（操作数据）"下拉列表：此下拉列表中提供了可供图形显示的据。

(9)"Clear（清除）"按钮：删除所有的变量，同时将相关的设定复位到缺省设置。

7.3 动画生成

7.3.1 动画概述

动画非常有价值，它应用图形方式解释许多分析结果，包括非线性或与时间有关的问题。ANSYS 程序提供了用动画方式显示任何图形的工具。

许多具有局域段存储器的工作站、个人计算机及某些终端设备都支持动画。但是，有些硬件平台不能很好地（或者根本不能）支持在线动画。在线动画演示的另一种办法是用摄影机或摄像机脱机，一幅一幅地捕捉图形序列。但要注意，脱机记录动画并不是一件小事，常常涉及一些专用设备、用户编排以及专门训练的人员。

7.3.2 在 ANSYS 中生成动画显示

ANSYS 中执行动画的最容易的方法是使用 Utility Menu > Plot Ctrls > Animate 菜单下的函数。这些 GUI 函数允许在 ANSYS 中达到"按钮动画"的效果。GUI 函数在后台执行 ANSYS 动画命令，也可直接输入命令。使用命令行的步骤接下来讨论。

7.3.3 使用基本的动画命令

通过下述命令，可以很快速地显示几幅图像来得到动画效果。

Command（s）：（命令）

/SEG，ANIM

GUI：

Utility Menu > Plot Ctrls > Redirect Plots > Delete

Segments Utility Menu > Plot Ctrls > Redirect Plots > Segment Status

Utility Menu > Plot Ctrls > Redirect Plots > to Segment Memory（UNIX）

Utility Menu > Plot Ctrls > Redirect Plots > to Animation File（Windows）Utility

Menu > Plot Ctrls > Animate > Replay Animation

Utility Menu > Plot Ctrls > Animate > Replay

/SEG 命令允许将图形数据存入终端的本地"段"中（图形操作）或像素映像图（屏幕点）中（是否有，取决于所用图形设备的类型）。在图形动作命令产生屏幕显示的同时，也存储了该图。然后可用 ANIM 命令按顺序显示所有的图片。典型的动画命令流大致如下。

/SEG，DELE！	删除当前"段"的存储内容
/SEG，MULTI！	在"段"中存入显示序列图
/SEG，OFF！	关闭捕捉图片函数
ANIM，15	通过存储序列的循环次数15次

为动画序列生成系列图片，可以发出一帧接着一帧的系列图形动作命令，或触发预定义的 ANSYS 宏来自动生成动画序列。预定义宏有 ANCNTR、ANCUT、ANDATA、ANDSCL、ANFLOW、ANISOS、ANMODE、ANTIME、ANDYNA。现有的本地"段"存储器或映像存储器的大小以及每帧图片对内存的需求限制了动画序列的帧数。在大多数工作站及个人机上，每帧图片要求的内存量取决于像素数（如屏幕点）。在 Window 设备上，减小图形窗口的大小就减小了像素数，从而可产生较长时间的动画演示。

尽管可以创建多个 ANSYS 窗口布置的动画，但由 OpenGL 创建的动画显示列表不会保留窗口信息。可以通过 X11/WIN32 或通过带/DV3D、ANIM、KEY 的 OpenGL 驱动驱动器来保存多个窗口。

7.4 报告生成

报告生成器允许在整个分析过程的任何时候抓取图像和数据，然后用抓取的数据组成 HTML 形式的报告。抓取数据可以通过交互式报告生成器或通过批处理方式进行。使用抓取的数据生成报告，可以使用下列工具中的任何一个：

（1）报告生成器自身（交互方式或批处理方式）；
（2）HTML 编辑器；
（3）表达陈述软件。

使用报告生成器是一个简单的过程，步骤如下。
① 启动报告生成器，并指定数据和报告的存储目录；
② 抓取要放在报告生成器中的数据（图像、动画、表格、列表）；
③ 用抓取的数据形成报告。

7.5 启动报告生成器

启动报告生成器可以选择菜单 Utility Menu > File > Report Generator。结果使报告生成器窗口出现，如图 7-8 所示。

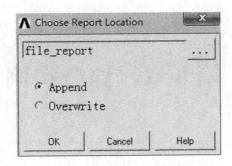

图 7-8　报告生成器窗口

从左到右的按钮将激活这些功能：图像抓取、动画捕捉、表格获取、列表获取、报告生成和设置。当使用报告生成器时，把鼠标移动到按钮上将显示按钮功能描述。

7.5.1　指定抓取数据和报告的位置

当启动报告生成器时，需要为抓取的数据和生成的报告指定目录。默认的目录是 jobname_report。如果指定的目录不存在，报告生成器再提醒接受新目录后创建它。如果目录已经存在，可以添加抓取的数据到该目录下存在的数据中，也可以覆盖目录下的内容然后重新开始。

7.5.2　了解 ANSYS 图形窗口的功能

报告生成器限制图像的尺寸以适应大多数打印机和纸张的尺寸。当启动报告生成器时，它将重新调整图形窗口的大小以获得最佳的图像尺寸。

注意：在启动报告生成器以后，不要再调整 ANSYS 图形窗口的尺寸，否则将出现不可预料的结果。

为了更加有利于打印，图像前景应改变成黑色，背景改变成白色。

当关闭报告生成器时，它将恢复 ANSYS 图形窗口的原始尺寸和颜色设置。

关于图形文件格式应注意：报告生成器使用便携的网络图形格式存储图像。这种文件非常小而且颜色失真少。转换成标准的格式也很快，它支持许多软件产品，如微软的浏览器、Netscape Navigator、PowerPoint、Word 等。

第8章 综合实例

8.1 结构静力学分析实例（线性分析）

算例1：外伸梁的结构静力学分析

1. 计算分析模型

简支梁受均布荷载作用，均有荷载为 120 kPa，尺寸如图 8-1 所示，ANSYS 分析的文件名定义为 Beam。

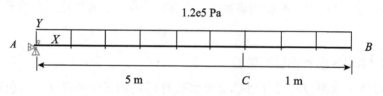

图 8-1 计算分析模型

梁截面采用图 8-2 所示尺寸和形状。

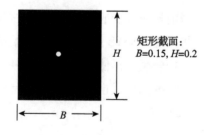

图 8-2 梁的计算分析模型

2. 程序命令

1) 进入 ANSYS

ANSYS > Interactive > Change the Working Directory into Yours > Input Initial Jobname: Beam > Run。

2) 设置计算类型

Main Menu: Preferences > Select Structural > OK。

3) 选择单元类型

Main Menu: Preprocessor > Element Type > Add/Edit/Delete > Add > Select Beam2 Node 188 > OK (Back to Element Types Window) > Close (the Element Type Window)。

单元类型定义如图 8-3 所示。

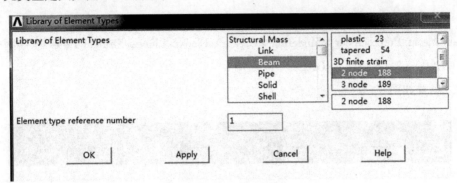

图 8-3　单元类型定义

4) 定义材料参数

Main Menu: Preprocessor > Material Props > Material Models > Structural > Linear > Elastic > Isotropic > Input EX: 8.0e10，PRXY: 0.36 > OK。

材料参数定义如图 8-4 所示。

5) 定义截面

Main Menu: Preprocessor > Sections > Beam > Common Sections 分别定义矩形截面："ID"为"1"，"B"为"0.15"，"H"为"0.2"。

实常数设置如图 8-5 所示。

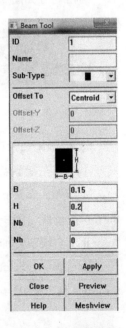

图 8-4　材料参数定义　　图 8-5　实常数设置

6)生成几何模型

Ⅰ.生成特征点

Main Menu: Preprocessor > Modeling > Create > Keypoints > in Active CS 依次输入三个点的坐标;Input: 1 (0, 0), 2 (6, 0), 3 (5, 0) > OK。

Ⅱ.生成梁

Main Menu: Preprocessor > Modeling > Create > Lines > Lines > Straight Lines 连接两个特征点;1 (0, 0), 2 (5, 0) > OK。

建线设置如图 8-6 所示。

图 8-6 建线设置

7)网格划分

Main Menu: Preprocessor > Meshing > Mesh Attributes > Picked Lines > OK 选择:SECT: 1(根据所计算的梁的截面选择编号);Pick Orientation Keypoint(s): YES 拾取:3#特征点(5, 0) > OK > MeshTool > Size Controls Lines: Set > Pick All(in Picking Menu)> Input NDIV: 5 > OK（Back to Mesh Tool Window）> Mesh > Pick All（in Picking Menu）> Close（the Mesh-Tool Window）。

网格划分如图 8-7 所示。

图 8-7 网格划分

8)模型施加约束

Ⅰ.最左端节点加约束

Main Menu: Solution > Define Loads > Apply > Structural > Displacement > On Nodes > Pick the Node at (0, 0) > OK > Select > UX, UY, UZ, ROTX > OK。

Ⅱ.右端节点加约束

Main Menu: Solution > Define Loads > Apply > Structural > Displacement > On Nodes > Pick the Node at (5, 0) > OK > Select > UY, UZ, ROTX > OK。

约束设置如图8-8所示。

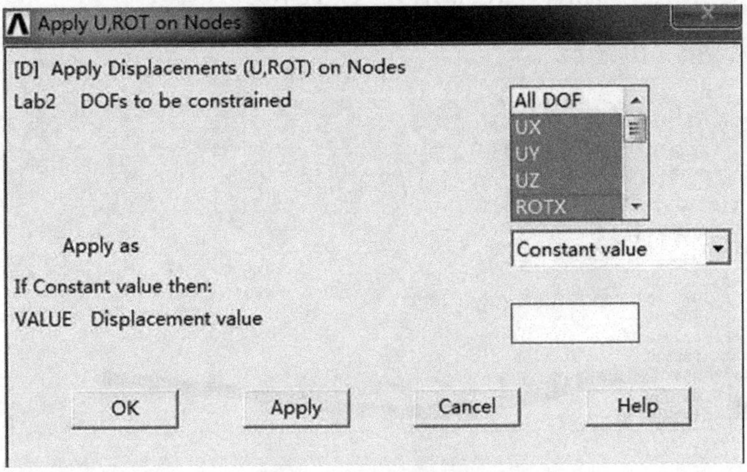

图8-8 约束设置

Ⅲ. 施加Y方向的荷载

Main Menu: Solution > Define Loads > Apply > Structural > Pressure > on Beams > Pick All > VALI:120000 > OK。

荷载设置如图8-9所示。

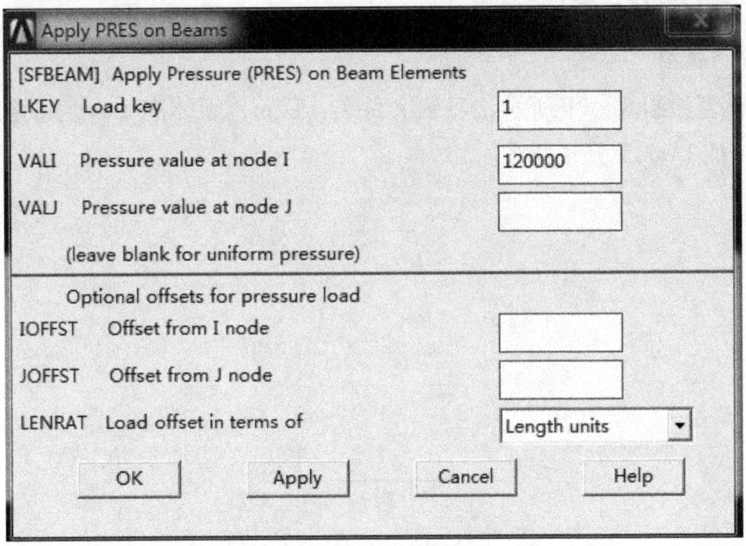

图8-9 荷载设置

9）分析计算

Main Menu: Solution > Solve > Current LS > OK。

10）结果显示

Main Menu: General Postproc > Plot Results > Deformed Shape > Select > Def + Undeformed >

OK (Back to Plot Results Window) > Contour Plot > Nodal Solu > Select > DOF Solution, UY, Def + Undeformed, Rotation, ROTZ, Def + Undeformed > OK。

位移云图如图 8 - 10 所示。

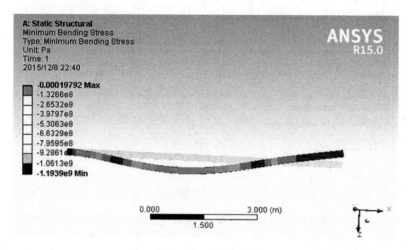

图 8 - 10　位移云图

11）退出系统

Utility Menu: File > Exit > Save Everything > OK。

算例 2：坝体的结构静力学分析

1. 计算分析模型

计算分析模型如图 8 - 11 所示，习题文件名：Dam。坝体高 5 m，底宽 2 m，顶宽 1 m。坝体左侧施加 1 000X 分布荷载。

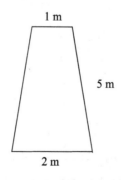

图 8 - 11　坝体的计算分析模型

2. 程序命令

1）进入 ANSYS

ANSYS > Interactive > Change the Working Directory into Yours > Input Initial Jobname: Dam > Run。

2）设置计算类型

Main Menu: Preferences > Select Structural > OK。

3）选择单元类型

Main Menu: Preprocessor > Element Type > Add/Edit/Delete > Add > Select Solid Quad 4 node 42 > OK（Back to Element Types Window）> Options > Select K3: Plane Strain > OK > Close（the Element Type Window）。

单元类型定义如图 8-12 所示。

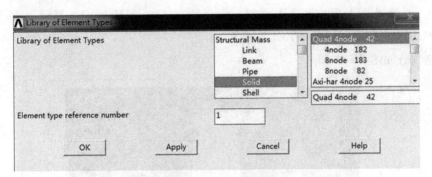

图 8-12　单元类型定义

4）定义材料参数

Main Menu: Preprocessor > Material Props > Material Models > Structural > Linear > Elastic > Isotropic > Input EX: 2e11，PRXY: 0.25 > OK。

材料属性定义如图 8-13 所示。

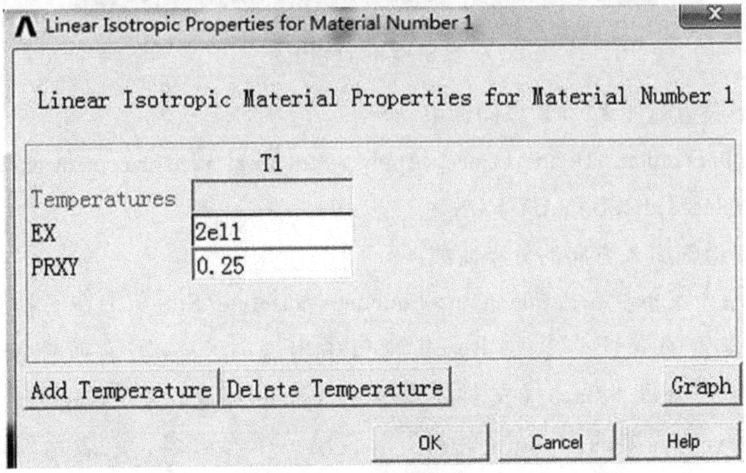

图 8-13　材料属性定义

5）生成几何模型

Ⅰ. 生成特征点

Main Menu: Preprocessor > Modeling > Create > Keypoints > in Active CS > 依次输入四个点

的坐标：Input：1（-1，0），2（1，0），3（-0.5，5），4（0.5，5）＞OK。

Ⅱ．生成坝体截面

Main Menu：Preprocessor＞Modeling＞Create＞Areas＞Arbitrary＞through KPS＞依次连接四个特征点：1（0，0），2（10，0），3（1，5），4（0.5，5）＞OK。

6）网格划分

（1）Main Menu：Preprocessor＞Meshing＞Mesh Tool＞（Size Controls）Lines：Set＞依次拾取两条横边：OK＞Input NDIV：15＞Apply＞依次拾取两条纵边：OK＞Input NDIV：20＞OK＞（Back to the MeshTool Window）Mesh：Areas，Shape：Quad，Mapped＞Mesh＞Pick All（in Picking Menu）＞Close（the MeshTool Window）。

网格划分如图 8-14 所示。

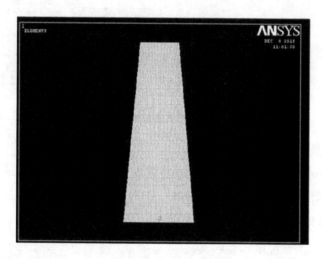

图 8-14　网格划分

（2）给下底边施加 X 和 Y 方向约束。

Main Menu：Solution＞Define Loads＞Apply＞Structural＞Displacement on Lines＞Pick the Lines＞OK＞Select Lab2：UX，UY＞OK。

（3）给斜边施加 X 方向的分布荷载。

ANSYS 命令菜单栏：Parameters＞Functions＞Define/Edit＞①在下拉列表框内选择"X"，作为设置的变量；②在 Result 窗口中出现｛X｝，写入所施加的荷载函数：1000＊｛X｝；③File＞Save（文件扩展名：func）→返回：Parameters＞Functions＞Read from File：将需要的 .func 文件打开，任给一个参数名，它表示随之将施加的荷载＞OK＞ANSYS Main Menu：Solution＞Define Loads＞Apply＞Structural＞Pressure＞on Lines 拾取斜边；OK＞在下拉列表框中选择"Existing table"＞OK＞选择需要的荷载参数名＞OK。

7) 分析计算

Main Menu: Solution > Solve > Current LS > OK (to Close the Solve Current Load Step Window) > OK。

8) 结果显示

Main Menu: General Postproc > Plot Results > Deformed Shape > Select Def + Undeformed > OK (Back to Plot Results Window) > Contour Plot > Nodal Solu > Select: DOF Solution, UX, UY, Def + Undeformed, Stress, SX, SY, SZ, Def + Undeformed > OK。

位移云图如图 8 – 15 所示。

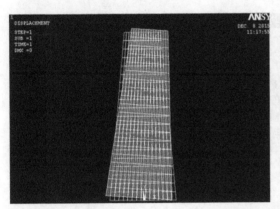
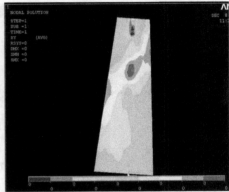

图 8 – 15 位移云图

9) 退出系统

Utility Menu: File > Exit > Save Everything > OK。

算例 3：受内压作用的球体的结构静力学分析

1. 计算分析模型

计算分析模型如图 8 – 16 所示，习题文件名：Sphere。承受内压 100 MPa。

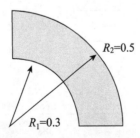

图 8 – 16 受均匀内压的球体计算分析模型（截面图）

2. 程序命令

1) 进入 ANSYS

ANSYS > Interactive > Change the Working Directory into Yours > Input Initial Jobname:

Sphere > Run。

2) 设置计算类型

Main Menu: Preferences > Select Structural > OK。

3) 选择单元类型

Main Menu: Preprocessor > Element Type > Add/Edit/Delete > Add > Select Solid Quad 4 Node 42 > OK (Back to Element Types Window) > Options > Select K3: Axisymmetric > OK > Close (the Element Type Window)。

单元类型定义如图 8-17 所示。

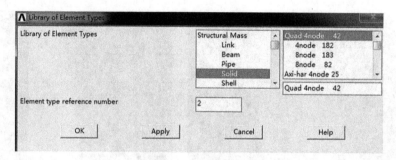

图 8-17　单元类型定义

4) 定义材料参数

Main Menu: Preprocessor > Material Props > Material Models > Structural > Linear > Elastic > Isotropic > Input EX: 2E+011, PRXY: 0.3 > OK。

单元属性定义如图 8-18 所示。

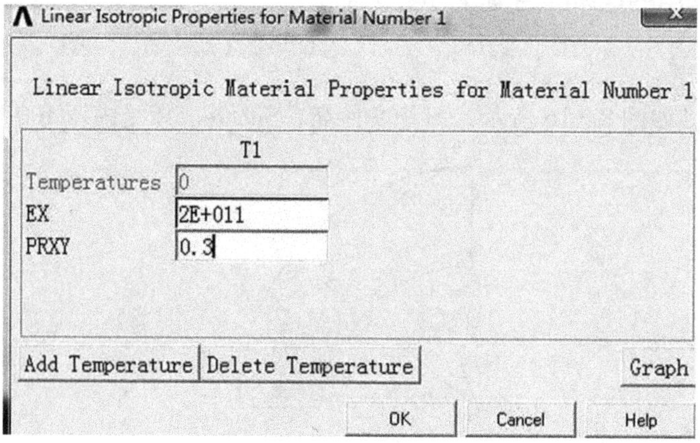

图 8-18　单元属性定义

5) 生成几何模型

Ⅰ. 生成特征点

Main Menu: Preprocessor > Modeling > Create > Keypoints > in Active CS > 依次输入四个点

的坐标：Input: 1 (0.3, 0), 2 (0.5, 0), 3 (0, 0.5), 4 (0, 0.3) > OK。

Ⅱ．生成球体截面

命令菜单栏：Work Plane > Change Active CS to > Global Spherical > Main Menu: Preprocessor > Modeling > Create > Lines > in Active Coord > 依次连接1，2，3，4点 > OK > Preprocessor > Modeling > Create > Areas > Arbitrary > by Lines。

6）生成几何模型

Ⅰ．生成特征点

Main Menu: Preprocessor > Modeling > Create > Keypoints > in Active CS > 依次输入四个点的坐标：Input: 1 (0.5, 0), 2 (0.8, 0), 3 (0, 0.8), 4 (0, 0.5) > OK。

Ⅱ．生成球体截面

命令菜单栏：Work Plane > Change Active CS to > Global Spherical。

Main Menu: Preprocessor > Modeling > Create > Lines > in Active Coord > 依次连接1，2，3，4点 > OK > Preprocessor > Modeling > Create > Areas > Arbitrary > by Lines。

依次拾取四条边 > OK > 命令菜单栏：Work Plane > Change Active CS to > Global Cartesian。

7）网格划分

Main Menu: Preprocessor > Meshing > Mesh Tool > (Size Controls) Lines: Set 拾取两条直边：OK > Input NDIV: 10 > Apply > 拾取两条曲边：OK > Input NDIV: 20 > OK > (Back to the MeshTool Window) Mesh: Areas, Shape: Quad, Mapped > Mesh > Pick All (in Picking Menu) > Close (the MeshTool Window)。

网格划分如图8-19所示。

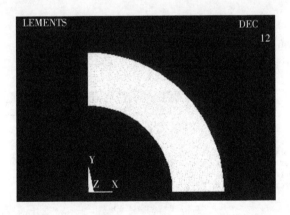

图8-19　网格划分

8）模型施加约束

Ⅰ．给水平直边施加约束

Main Menu: Solution > Define Loads > Apply > Structural > Displacement > on Lines > 拾取水平边：Lab2: UY > OK。

Ⅱ. 给竖直边施加约束

Main Menu: Solution > Define Loads > Apply > Structural > Displacement Symmetry B. C. > on Lines > 拾取竖直边 > OK。

Ⅲ. 给内弧施加径向的分布荷载

Main Menu: Solution > Define Loads > Apply > Structural > Pressure > on Lines > 拾取小圆弧；OK > Input VALUE: 100e6 > OK。

施加荷载如图 8-20 所示。

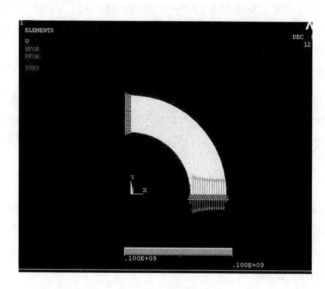

图 8-20　施加荷载

9）分析计算

Main Menu: Solution > Solve > Current LS > OK。

结果项如图 8-21 所示。

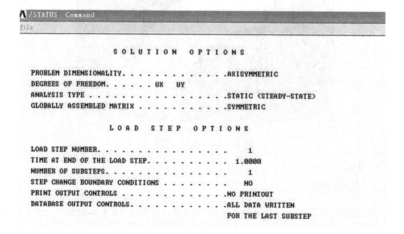

图 8-21　结果项

10) 结果显示

Main Menu: General Postproc > Plot Results > Deformed Shape > Select > Def + Undeformed > OK (Back to Plot Results Window) > Contour Plot > Nodal Solu > Select: DOF Solution, UX, UY, Def + Undeformed, Stress, SX, SY, SZ, Def + Undeformed > OK。

应力云图如图 8-22 所示。

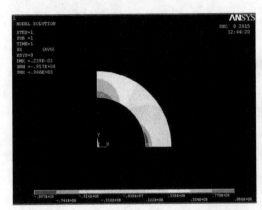
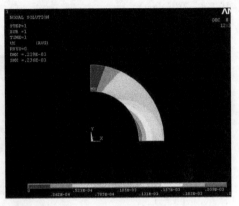

图 8-22　应力云图

11) 退出系统

Utility Menu: File > Exit > Save Everything > OK。

算例 4：超静定桁架的结构静力学分析

1. 计算分析模型

计算分析模型如图 8-23 所示，习题文件名：Truss。

在 D 端受到 150 kN 的集中力作用，A 点和 C 点固定铰支，B 点中间铰支。

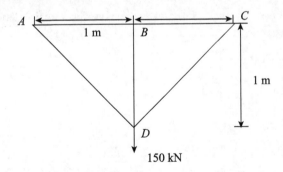

图 8-23　超静定桁架的计算分析模型

2. 程序命令

1) 进入 ANSYS

ANSYS > Interactive > Change the Working Directory into Yours > Input Initial Jobname: Truss > Run。

2）设置计算类型

Main Menu: Preferences > Select Structural > OK。

3）选择单元类型

Main Menu: Preprocessor > Element Type > Add/Edit/Delete > Add > Select Link 2D Spar 1 > OK（Back to Element Types Window）> Options > Select K3: Plane Strain > OK > Close（the Element Type Window）。

单元类型定义如图 8-24 所示。

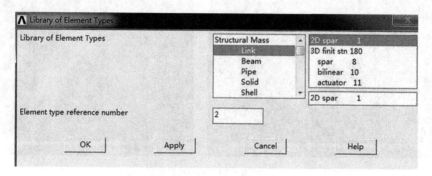

图 8-24　单元类型定义

4）定义材料参数

Main Menu: Preprocessor > Material Props > Material Models > Structural > Linear > Elastic > Isotropic > Input EX: 2E+011，PRXY: 0.3 > OK。

单元属性定义如图 8-25 所示。

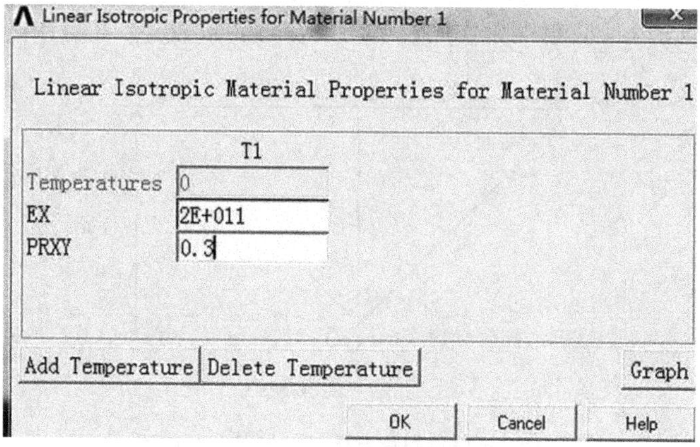

图 8-25　单元属性定义

5）定义实常数

Main Menu: Preprocessor > Real Constants > Add > Select Type1 > OK > Input AREA: 0.25 > OK > Close（the Real Constants Window）。

横截面面积定义如图 8-26 所示。

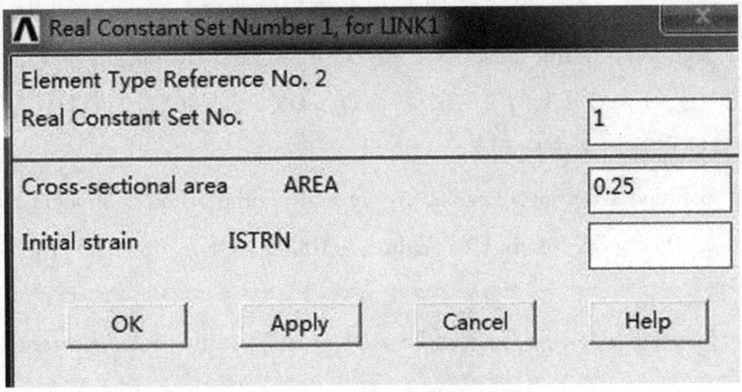

图 8-26 横截面面积定义

6) 生成几何模型

Ⅰ. 生成特征点

Main Menu: Preprocessor > Modeling > Create > Keypoints > in Active CS > 依次输入四个点的坐标：Input: 1 (1, 1), 2 (2, 1), 3 (3, 1), 4 (2, 0) > OK。

Ⅱ. 生成桁架

Main Menu: Preprocessor > Modeling > Create > Lines > Lines > Straight Line > 依次连接四个特征点：1 (1, 1), 2 (2, 1), 3 (3, 1), 4 (2, 0) > OK。

定义桁架如图 8-27 所示。

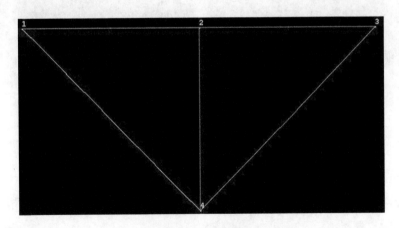

图 8-27 定义桁架

7) 网格划分

Main Menu: Preprocessor > Meshing > Mesh Tool > (Size Controls) Lines: Set > 依次拾取三根杆：OK > Input NDIV : 1 > OK > (Back to the MeshTool Window) Mesh: Lines > Mesh > Pick All (in Picking Menu) > Close (the Mesh Tool Window)。

8）模型施加约束

Ⅰ．分别给1，2，3三个特征点施加 X 和 Y 方向的约束

Main Menu: Solution > Define Loads > Apply > Structural > Displacement > on Keypoints > 拾取 1（1, 1），2（2, 1），3（3, 1）三个特征点 > OK > Select Lab2: UX, UY > OK。

Ⅱ．给4#特征点施加 Y 方向荷载

Main Menu: Solution > Define > Loads > Apply > Structural > Force/Moment > on Keypoints > 拾取特征点4（2, 0）> OK > Lab: FY, Value: -100e6 > OK。

9）分析计算

Main Menu: Solution > Solve > Current LS > OK（to Close the Solve Current Load Step Window）> OK。

10）结果显示

Main Menu: General Postproc > Plot Results > Deformed Shape > Select Def + Undeformed > OK（Back to Plot Results Window）> Contour Plot > Nodal Solu > Select: DOF Solution，UY，Def + Undeformed > OK。

位移云图如图8-28所示。

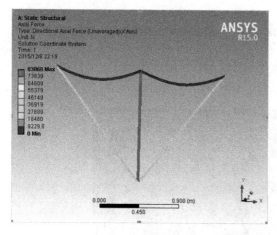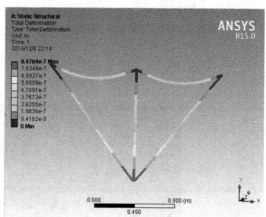

图 8-28　位移云图

11）退出系统

Utility Menu: File > Exit > Save Everything > OK。

算例5：三维实体结构静力学分析

1. 生成关键点

钢梁的横截面由12个关键点连线而成，其各点坐标分别为1(0, 0, 0)、2(0.2, 0, 0)、3(0.2, 0.2, 0)、4(0, 0.2, 0)，单击主菜单中的 Preprocessor > Modeling > Create > Keypoints > in Active CS，弹出对话框。在"Keypoint number"一栏中输入关键点号"1"，

在"XYZ Location"一栏中输入关键点 1 的坐标"(0, 0, 0)",单击"Apply"按钮,同理将 2~4 点的坐标输入。

点定义如图 8-29 所示。

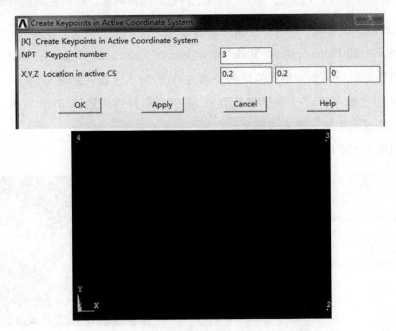

图 8-29 点定义

2. 生成直线

单击主菜单中的 Preprocessor > Modeling > Create > Lines > Lines > Straight Line,弹出关键点选择对话框,依次点选关键点 1、2,单击"Apply"按钮,即可生成第一条直线。同理,分别单击 2、3;3、4;4、1 可生成其余 3 条直线。

线定义如图 8-30 所示。

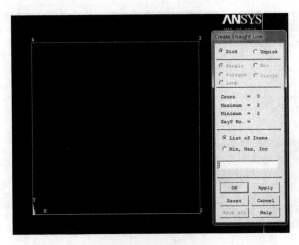

图 8-30 线定义

3. 生成平面

单击主菜单中的 Preprocessor > Modeling > Create > Areas > Arbitrary > by Lines，弹出直线选择对话框，依次点选1~4直线，单击"OK"按钮关闭对话框，即可生成钢的横截面。

4. 生成三维实体

单击主菜单中的 Preprocessor > Modeling > Operate > Extrude > Areas > along Normal，弹出平面选择对话框，点选上一步骤生成的平面，单击"OK"按钮。之后弹出另一对话框，在"DIST"一栏中输入"1"（钢梁的长度），其他保留缺省设置，单击"OK"按钮关闭对话框，即可生成钢梁的三维实体模型。

体定义如图8-31所示。

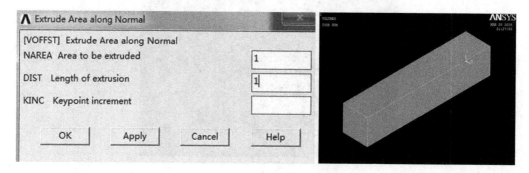

图8-31 体定义

5. 网络划分

（1）设定单元大小。单击主菜单中的 Preprocessor > Meshing > Mesh Tool，弹出对话框，在"Size Control"标签中的 Global 一栏单击"Set"按钮，弹出网格尺寸设置对话框，在"SIZE"一栏中输入"0.02"，其他保留缺省设置，单击"OK"按钮关闭对话框。

网格尺寸定义如图8-32所示。

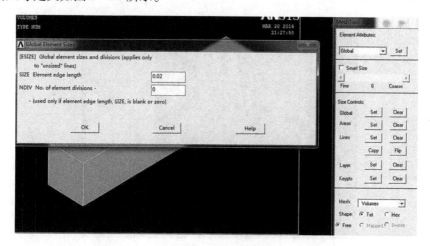

图8-32 网格尺寸定义

（2）接着上一步，在划分网格的对话框中，选中单选框"Hex"和"Sweep"，其他保留缺省设置，然后单击"Sweep"按钮，弹出体选择对话框，点选钢梁实体，并单击"OK"按钮，即可完成对整个实体结构的网格划分。

网格尺寸图如图 8-33 所示。

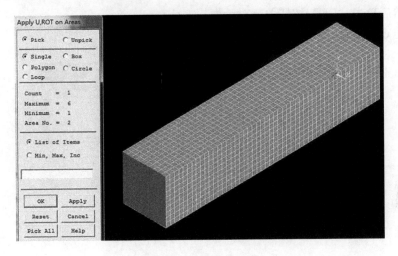

图 8-33 网格尺寸图

6. 施加荷载：施加位移约束

单击主菜单的 Preprocessor > Loads > Define Loads > Apply > Structural > Displacement > on Areas，弹出面选择对话框，单击该工字梁的左端面，单击"OK"按钮，弹出如图 8-34 所示对话框，选择右上列表框中的"All DOF"，并单击"OK"按钮，即可完成对左端面的位移约束，相当于梁的固定端。

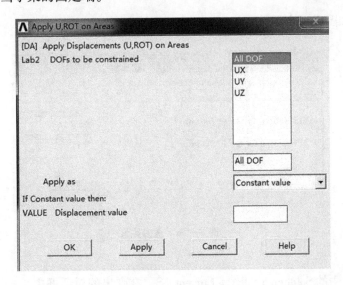

图 8-34 约束定义

1) 施加分布力（F_Y）荷载

单击主菜单中的 Preprocessor > Loads > Define Loads > Apply > Structural > Pressure > on Areas，弹出面选择对话框，单击上表面按钮，之后弹出另一个对话框，在该对话框中的"VALUE"一项中输入"-5000"（注：负号表示力的方向与 Y 的方向相反），其他保留缺省装置，然后单击"OK"按钮关闭对话框。

荷载定义如图 8-35 所示。

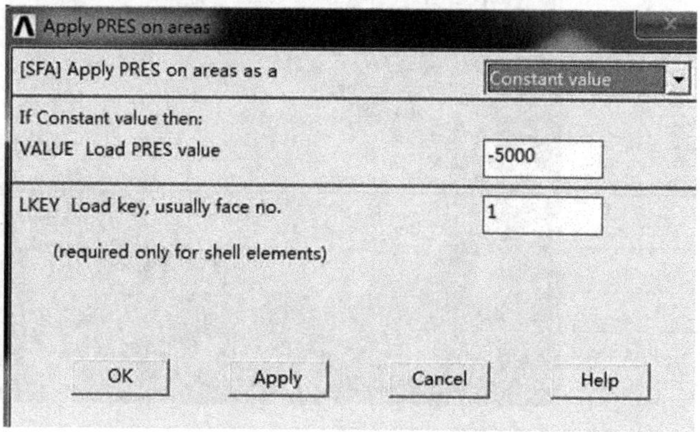

图 8-35 荷载定义

2) 施加重力荷载

单击主菜单中的 Preprocessor > Loads > Define Loads > Apply > Structural > Inertia > Gravity，在弹出对话框的"ACELY"一栏中输入"9.8"（表示沿 Y 方向的重力加速度为 9.8 m/s，系统会自动利用密度等参数进行分析计算），其他保留缺省设置，单击"OK"按钮关闭对话框。

重力定义如图 8-36 所示。

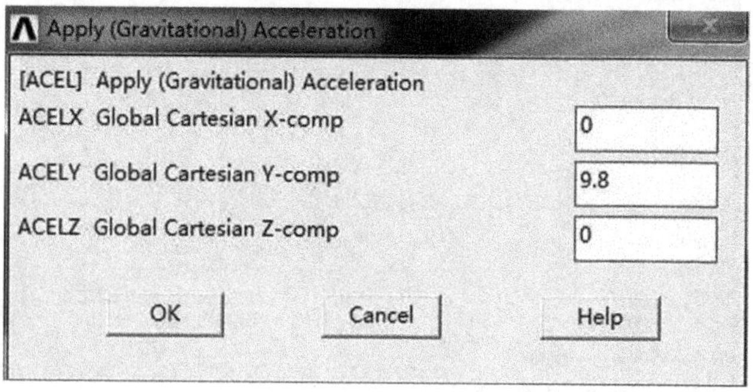

图 8-36 重力定义

7. 求解

单击主菜单中的 Solution > Solve > Current LS，在弹出的对话框中单击"OK"按钮，开始进行分析求解。分析完成后，弹出一信息窗口提示用户已完成求解，此时单击"Close"按钮关闭对话框即可。至于在求解时产生的 STATUS Command 窗口，单击 File > Close 关闭即可。

求解如图 8-37 所示。

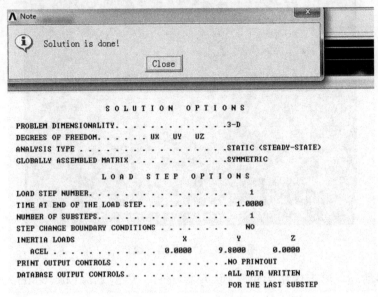

图 8-37　求解

8. 分析结果浏览

绘制节点位移云图。单击主菜单中的 General Postproc > Plot Results > Contour Plot > Nodal Solu，弹出对话框，选中右上列表框"Translation"栏中的"UY"选项，其他保留缺省设置。单击"OK"按钮，即可显示本钢梁各节点在重力和 F_Y 作用下的位移云图。

位移云图如图 8-38 所示。

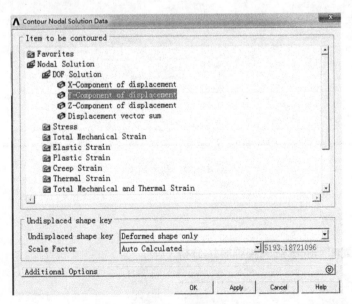

图 8-38　位移云图

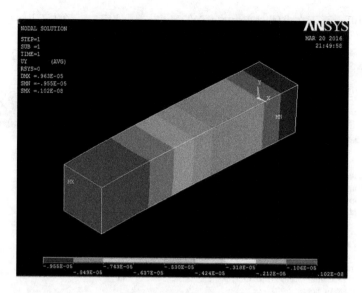

图 8-38 位移云图（续）

显示变形动画。单击应用菜单（Utility > Menu）中的 Plot Ctrls > Animate > Deformed Results…），在弹出的对话框中的"Time delay"文本框中输入"0.1"，并选中右列表框中的"UY"选项，其他保留缺省设置，单击"OK"按钮关闭对话框，即可显示本钢梁的变形动画。

动画定义如图 8-39 所示。

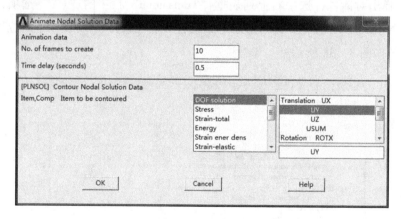

图 8-39 动画定义

8.2 温度场分析

算例1：受热荷载作用的厚壁圆筒温度场分析

1. 计算分析模型

计算分析模型如图 8-40 所示，习题文件名：Cylinder。

圆筒外壁温度为 80 ℃，内壁温度为 400 ℃，圆筒上下两端自由并绝热。

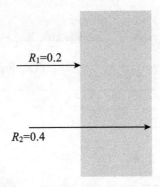

图 8-40　受热荷载作用的厚壁圆筒的计算分析模型（截面图）

2. 程序命令

1）进入 ANSYS

ANSYS > Interactive > Change the Working Directory into Yours > Input Initial Jobname: Cylinder > Run。

2）设置计算类型

Main Menu: Preferences > Select > Thermal > OK。

3）选择单元类型

Main Menu: Preprocessor > Element Type > Add/Edit/Delete > Add > Select Thermal Solid Quad 4 node 55 > OK（Back to Element Types Window）> Options > Select K3: Axisymmetric > OK > Close（the Element Type Window）。

单元类型定义如图 8-41 所示。

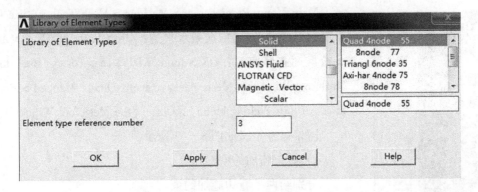

图 8-41　单元类型定义

4）定义材料参数

Main Menu: Preprocessor > Material Props > Material Models > Thermal > Conductivity > Isotropic > KXX: 7.5 > OK。

膨胀系数定义如图 8-42 所示。

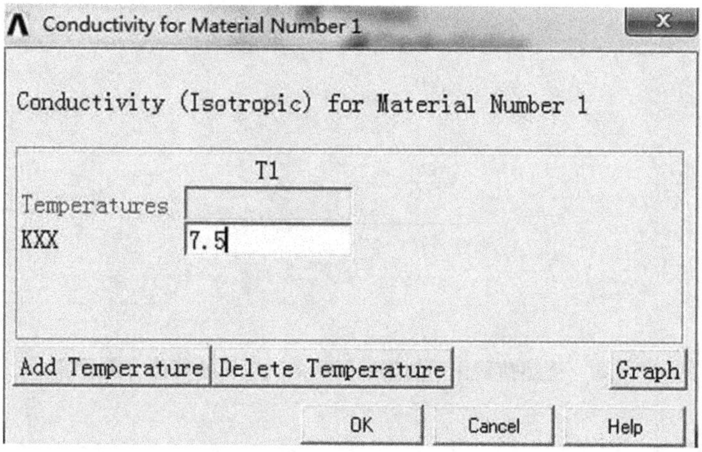

图 8-42 膨胀系数定义

5）生成几何模型

Ⅰ．生成特征点

Main Menu: Preprocessor > Modeling > Create > Keypoints > in Active CS > 依次输入四个点的坐标：1 (0.3, 0)，2 (0.5, 0)，3 (0.5, 1)，4 (0.3, 1) > OK。

Ⅱ．生成圆柱体截面

Main Menu: Preprocessor > Modeling > Create > Areas > Arbitrary > through KPS > 依次连接四个特征点：1 (0.3, 0)，2 (0.5, 0)，3 (0.5, 1)，4 (0.3, 1) > OK。

6）网格划分

Main Menu: Preprocessor > Meshing > Mesh Tool > (Size Controls) Lines: Set > 拾取两条水平边：OK > Input NDIV: 5 > Apply > 拾取两条竖直边：OK > Input NDIV: 15 > OK > (Back to the MeshTool Window) Mesh: Areas, Shape: Quad, Mapped > Mesh > Pick All (in Picking Menu) > Close (the MeshTool Window)。

网格尺寸定义如图 8-43 所示。

7）模型施加约束

分别给两条直边施加约束。

Main Menu: Solution > Define Loads > Apply > Thermal > Temperature > on Lines > 拾取左边，Value：500 > Apply（Back to the Window of Apply Tempon Lines）> 拾取右边，Value：100 > OK。

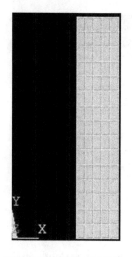

图 8-43 网格尺寸定义

8)分析计算

Main Menu: Solution > Solve > Current LS > OK。

9)结果显示

Main Menu: General Postproc > Plot Results > Deformed Shape > select > Def + Undeformed > OK（Back to Plot Results Window）> Contour Plot > Nodal Solu > Select: DOF Solution，Temperature TEMP > OK。

温度云图如图 8-44 所示。

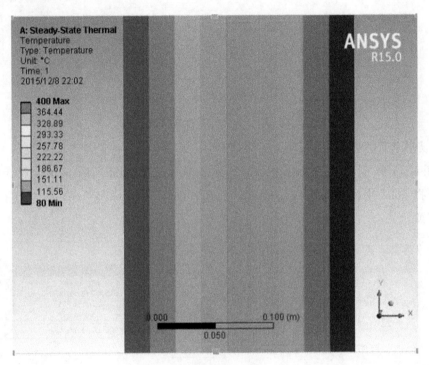

图 8-44 温度云图

10)退出系统

Utility Menu: File > Exit > Save Everything > OK。

算例2：开孔矩形板受温度荷载应力场分析

上下边固定约束，上下端面绝热。左端面 280 ℃，右端面 320 ℃，板中心开圆孔，孔径为 0.05 m，厚度为 0.01 m。尺寸为 0.3 m×0.3 m，重力加速度为 9.8 m/s^2，热膨胀系数 2.5e-6 ℃$^{-1}$，导热系数 0.02 K/mh ℃，初始温度为 20 ℃。

要求：分析左右端面温度同步下降至室温时温度场及应力场的变化。

1. 选择分析类型

GUI: Main Menu > Preferences > 选择"Structural"和"Thermal"，如图 8-45 所示。

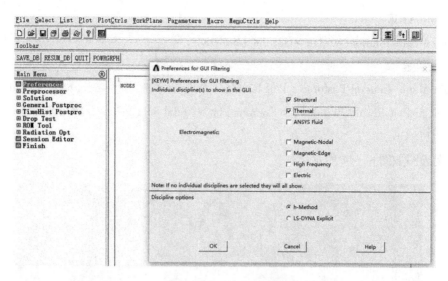

图 8-45 选择分析类型

2. 设置单元类型

GUI: Main Menu > Preprocessor > Element Type > Add /Edit /Delete > 在对话框中单击 Add > 选择 Solid 中的 "Quad 4 node 182" 和 "Quad 4 node 55" 单元，如图 8-46 和图 8-47 所示。

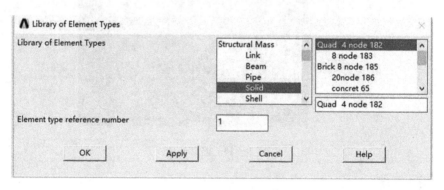

图 8-46 选择结构分析单元

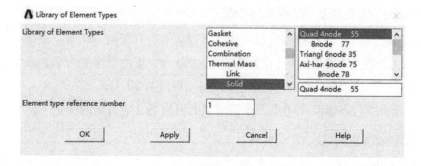

图 8-47 选择热分析单元

在 K3 中选择"Plane Thickness",如图 8-48 所示。

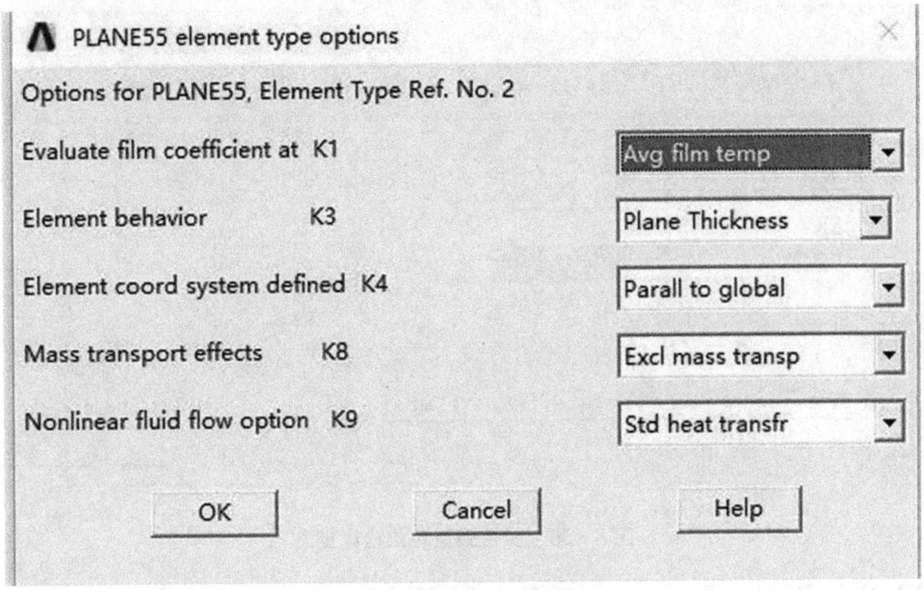

图 8-48　选择平面厚度

3. 定义平板厚度

GUI: Main Menu > Preprocessor > Real constants > Add /Edit /Delete > 单击"OK"按钮,在对话框中输入"0.01",如图 8-49 所示。

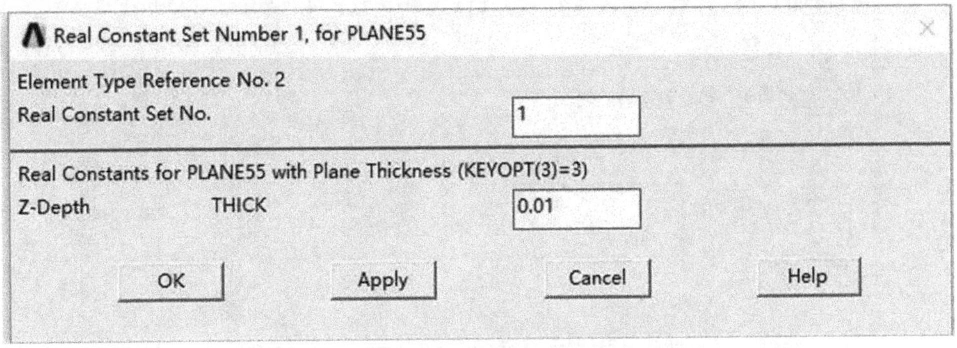

图 8-49　定义平板厚度

4. 定义材料属性

GUI: Main Menu > Preprocessor > Material Models > Structural > Linear > Elastic > Isotropic > 输入弹性模量"2e11"和泊松比"0.3",如图 8-50 所示。

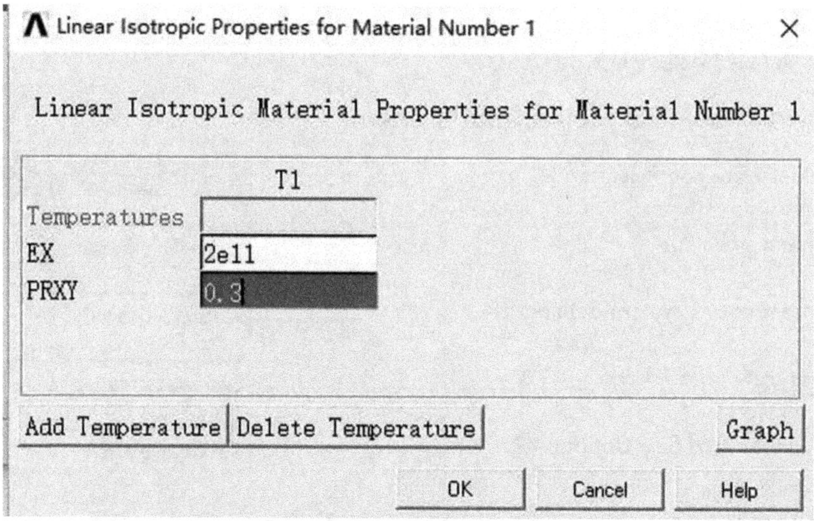

图 8-50　弹性模量和泊松比定义

GUI: Main Menu > Preprocessor > Material Models > Structural > Thermal Expansion > Secant Coefficient > Isotropic > 在对话框中输入热膨胀系数"2.5e-6",如图 8-51 所示。

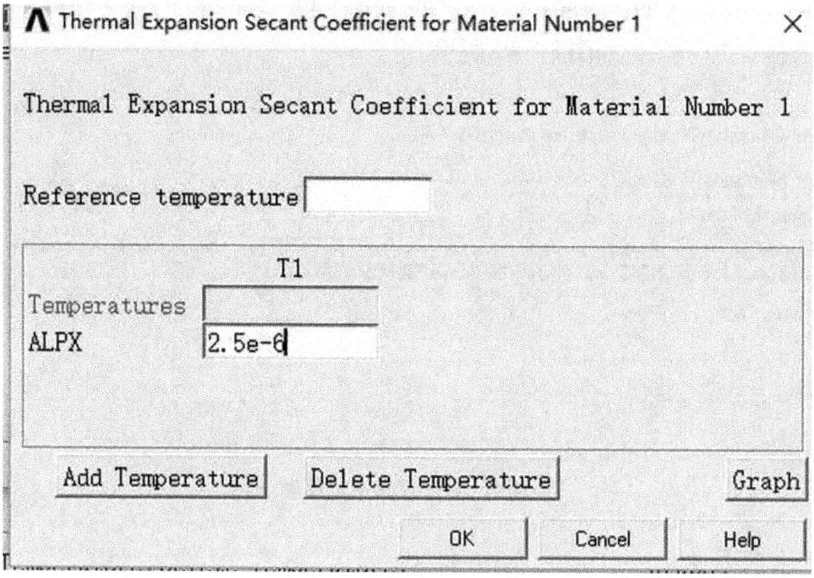

图 8-51　热膨胀系数定义

GUI: Main Menu > Preprocessor > Material Models > Thermal > Conductivity > Isotropic > 在对话框中输入热传导率"0.02"如图 8-52 所示。

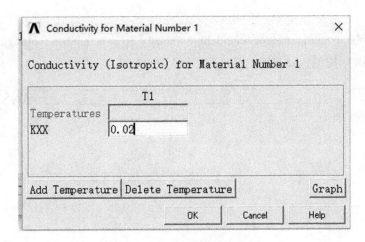

图 8-52 热传导率定义

5. 建立模型

1) 创建点

GUI: Main Menu > Preprocessor > Modeling > Create > Keypoints > in Active Cs > 在对框中输入第一个点的坐标"-0.05，-0.05"（图 8-53），单击"Apply"按钮输入第二、三、四个点的坐标，如图 8-54 所示。

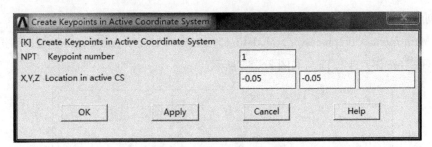

图 8-53 点的坐标

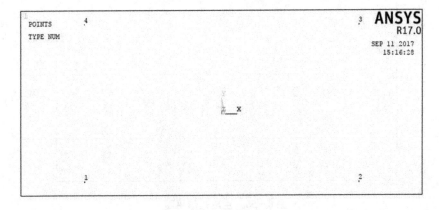

图 8-54 创建四个点

2）创建线

GUI: Main Menu > Preprocessor > Modeling > Create > Lines > Lines > Straight Line 选中点连线，单击"OK"按钮，如图 8-55 所示。

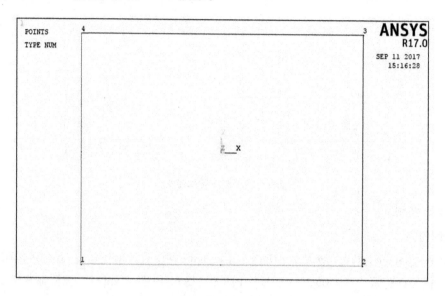

图 8-55　创建四条线

3）创建面

GUI: Main Menu > Preprocessor > Modeling > Create > Areas > Arbitrary > by Lines 选中四条线单击"OK"按钮，生成面，如图 8-56 所示。

图 8-56　生成矩形平面

4）画圆

GUI: Main Menu > Preprocessor > Modeling > Create > Areas > Circle > by Dimension 在对话框中输入圆的半径"0.05"（图 8-57），生成圆，如图 8-58 所示。

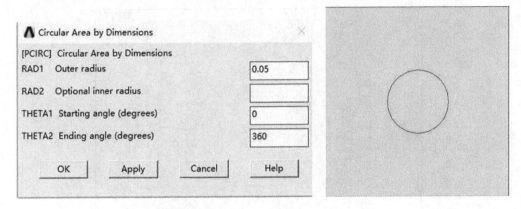

图 8-57　输入圆的半径　　　　图 8-58　生成圆面

5）挖孔

GUI: Main Menu > Preprocessor > Modeling > Operate > Booleans > Overlap > Areas > 先选中矩形截面再选中圆面，单击"OK"按钮。

Main Menu > Preprocessor > Modeling > Delete > Areas Only > 选中圆面，单击"OK"按钮。

挖孔模型如图 8-59 所示。

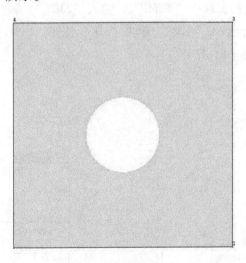

图 8-59　挖孔模型

6. 划分单元

GUI: Main Menu > Preprocessor > Meshing > Mesh Tool > 单击 Lines 中的 Set > 选中矩形 4 条边，单击"OK"按钮，输入"15" > 单击"Apply"按钮，选中圆形边，单击"OK"

按钮,输入"10",单击"OK"按钮>单击"Mesh"按钮,选中平面,单击"OK"按钮。

划分网格如图 8-60 所示。

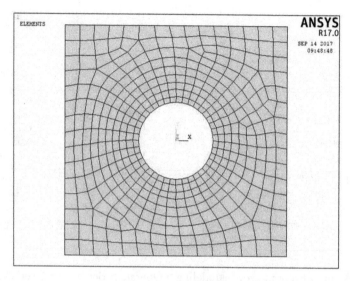

图 8-60 划分网格

7. 施加约束

1) 施加温度约束

Main Menu > Solution > Define Loads > Apply > Thermal > Temperature > on Lines >选中矩形左边,单击"OK"按钮,选中"TEMP",输入"280">单击"Apply"按钮,选中矩形右边,单击"TEMP",输入"320",单击"OK"按钮。

左端温度定义如图 8-61 所示。

图 8-60 左端温度定义

· 108 ·

右端温度定义如图 8-62 所示。

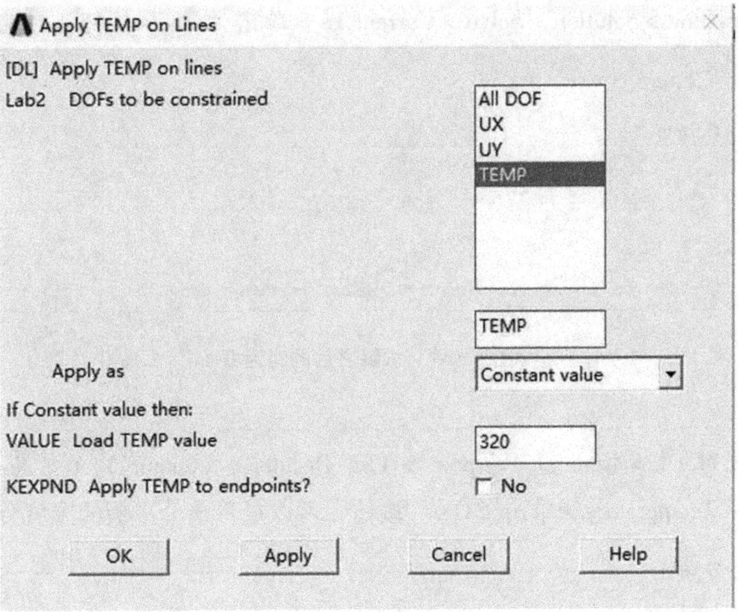

图 8-62 右端温度定义

2）设置参考温度 25 ℃

GUI: Main Menu > Solution > Define Loads > Setting > Reference Temperature > 在对话框中输入"25"，如图 8-63 所示。

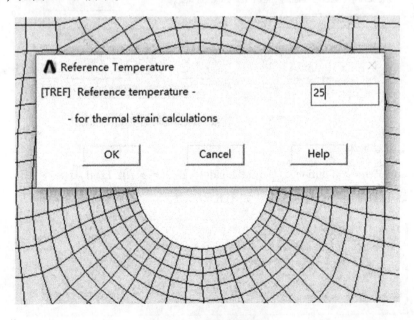

图 8-63 设置参考温度

8. 求解及查看温度场

GUI: Main Menu > Solution > Solve > Current Ls > 单击"OK"按钮，单击"Close"，如图 8-64 所示。

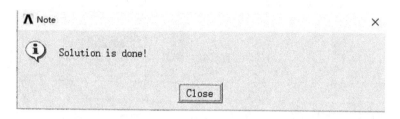

图 8-64　求解之后的对话框

求解完毕。

GUI: Main Menu > General Postproc > Plot Results > Contour Plot > Nodal Solu > Dof Solution > Nodal Temperature > 单击"OK"按钮，可以查看整个平板的温度分布。

9. 求解应力场

1）转换求解类型

GUI: Main Menu > Preprocessor > Element Type > Switch Elem Type，在对话框中选择"Thermal to Structural"，如图 8-65 所示。

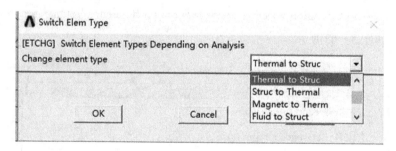

图 8-65　转换求解类型对话框

2）删除原有数据

GUI: Main Menu > Solution > Define Loads > Delete > All Load Date > All Load Date & Opts > 在对话框中单击"OK"按钮，如图 8-66 所示。

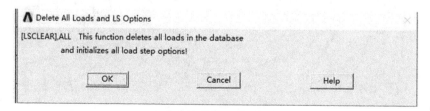

图 8-66　删除数据对话框

3）施加约束

GUI: Main Menu > Solution > Define Loads > Apply > Structural > Displacement > on Lines 选中矩形上边单击"OK"按钮，选中"All DOF"单击"Apply"按钮，选中矩形下边单击"OK"按钮选中"All DOF"单击"OK"按钮，如图 8-67 所示。

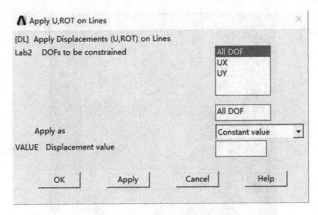

图 8-67 施加约束对话框

4）施加温度

GUI: Main Menu > Solution > Define Loads > Apply > Structural > Temperature > from Therm Analy > 单击"Browse"按钮，选中"file.rst"，单击"OK"按钮，如图 8-68 所示。

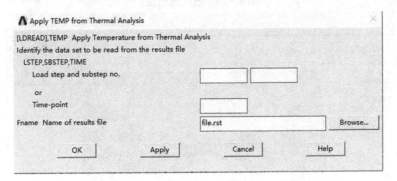

图 8-68 施加温度对话框

5）求解

GUI: Main Menu > Solution > Solve > Current Ls > 单击"OK"按钮，单击"Close"按钮，如图 8-69 所示。

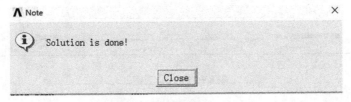

图 8-70 求解之后的对话框

10. 计算及分析结果

查看温度和应力云图，如图8-70和图8-71所示。

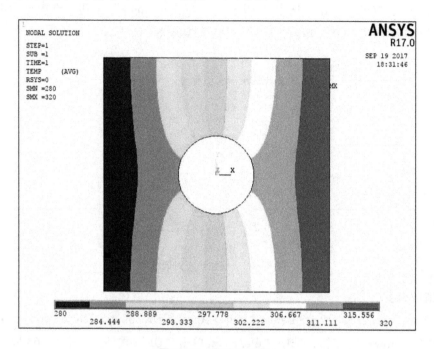

图8-70 温度场云图

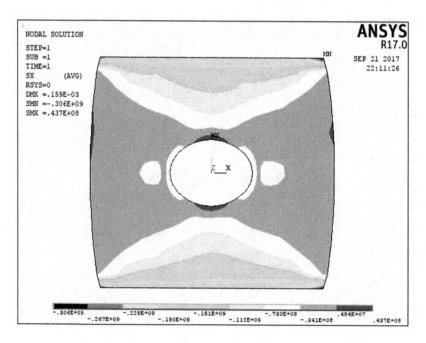

图8-71 σ_X 云图

8.3 模态分析

算例1：均匀直杆的模态分析

1. 计算分析模型

如图 8-72 所示为一根长度为 L 的等截面直杆，一端固定，一端自由。已知杆材料的弹性模量 $E = 2 \times 10^{11} \mathrm{N/m^2}$，密度 $\rho = 7\,800\ \mathrm{kg/m^3}$，杆长 $L = 0.1\ \mathrm{m}$，要求计算直杆纵向振动的固有频率。

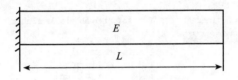

图 8-72 尺寸模型

2. 程序命令

1) 改变工作名

拾取菜单 Utility Menu > File > Change Jobname 弹出如图 8-73 所示的对话框，在"[/FILNAM]"文本框中输入"EXAMPLE8"，单击"OK"按钮。

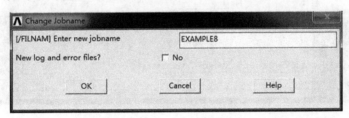

图 8-73 工作名定义

2) 创建单元类型

拾取菜单 Main Menu > Preprocessor > Element Type > Add/Edit/Delete，弹出对话框，单击"Add"按钮，弹出如图 8-74 所示对话框，在左侧列表中选择"Solid"，在右侧列表中选择"20node 186"，单击"OK"按钮，单击对话框的"Close"按钮。

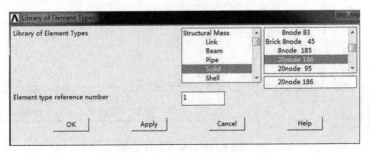

图 8-74 单元类型定义

3) 定义材料属性

拾取菜单 Main Menu > Preprocessor > Material Props > Material Models，弹出对话框，在右侧列表中依次双击 Structural > Linear > Elastic > Isotropic，弹出对话框，在"EX"文本框中输入"2e11"（弹性模量），在"PRXY"文本框中输入"0.3"（泊松比）。单击"OK"按钮，再双击右侧列表中"Structural"下的"Density"，弹出对话框，在"DENS"文本框中输入"7800"（密度），单击"OK"按钮，然后关闭对话框，如图 8-75 所示。

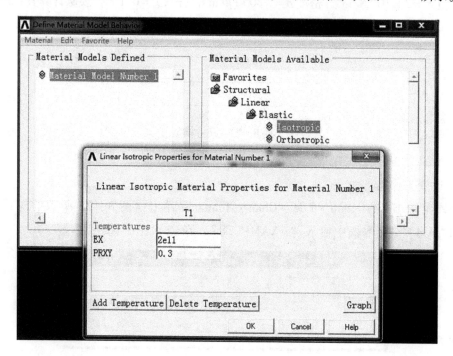

图 8-75　单元属性定义

4）创建块

拾取菜单 Main Menu > Preprocessor > Modeling > Create > Volumes > Block > by Dimensions。弹出如图 8-76 所示对话框，在"X1，X2"文本框中输入"0，0.01"，在"Y1，Y2"文本框中输入"0，0.01"，在"Z1，Z2"文本框中输入"0，0.1"，单击"OK"按钮。

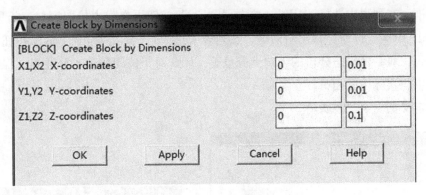

图 8-76 体定义

5）划分单元

拾取菜单 Main Menu > Preprocessor > Meshing > MeshTool，弹出对话框，单击"Size. Controls"区域中"Lines"后单击"Set"按钮，弹出拾取窗口，任意拾取块 X 轴和 Y 轴方向的边各一条（短边），单击"OK"按钮，弹出对话框，在"NDIV"文本框中输入"3"，单击"Apply"按钮；再次弹出拾取窗口，拾取块 Z 轴方向的边（长边），单击"OK"按钮。在"NDIV"文本框中输入"15"，单击"OK"按钮。在 Mesh 区域，选择单元形状为"Hex"（六面体），选择划分单元的方法为"Mapped"（映射），单击"Mesh"按钮，弹出拾取窗口，单击"OK"按钮。

网格划分如图 8-77 所示。

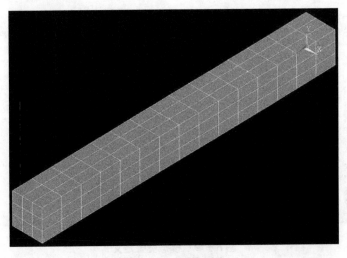

图 8-77 网格划分

6）施加约束

拾取菜单 Main Menu > Solution > Define Loads > Apply > Structural > Displacement > on Areas 弹出拾取窗口，拾取 $Z=0$ 的平面，单击"OK"按钮，弹出对话框，在列表中选择"UZ"，单击"Apply"按钮，再次弹出拾取窗口，拾取 $Y=0$ 的平面，单击"OK"按钮，弹出对话框，在列表中选择"UY"，单击"Apply"按钮再次弹出拾取窗口，拾取 $X=0$ 的平面，单击"OK"按钮，弹出对话框，在列表中选择"UX"，单击"OK"按钮。约束施加正确与否，对结构模态分析的影响十分显著，因此对于该问题应十分注意，保证对模型施加的约束与实际情况相符。

约束定义如图 8-78 所示。

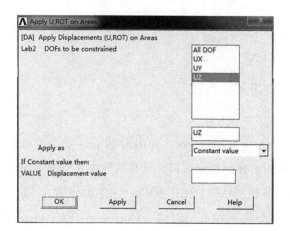
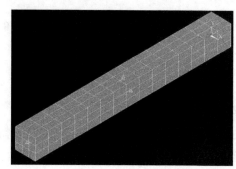

图 8-78 约束定义

7）指定分析类型

拾取菜单 Main Menu > Solution > Analysis Type > New Analysis。弹出对话框，选择"Type of Analysis"为"Modal"，单击"OK"按钮，如图 8-79 所示。

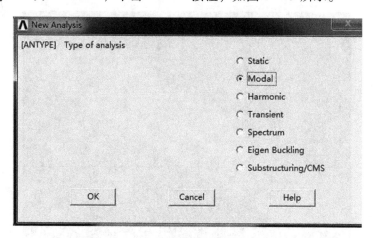

图 8-79 模态类型定义

8）指定分析选项

拾取菜单 Main Menu > Solution > Analysis Type > Analysis Options。弹出对话框，在"No. of modes to extract"文本框中输入"5"，单击"OK"按钮，弹出 Block Lanczos Method 对话框，单击"OK"按钮。

模态扩展阶数定义如图 8-80 所示。

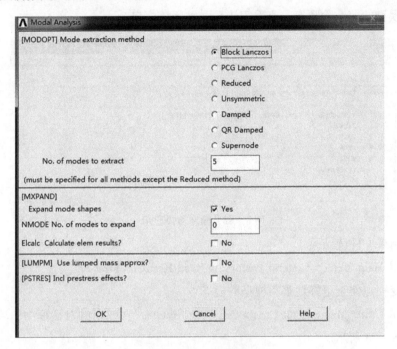

图 8-80　模态扩展阶数定义

9）指定要扩展的模态数

拾取菜单 Main Menu > Solution > Load Step Opts > Expansion Pass > Single Expand > Expand Modes，弹出对话框，在"NMODE"文本框中输入"5"，单击"OK"按钮，如图 8-81 所示。

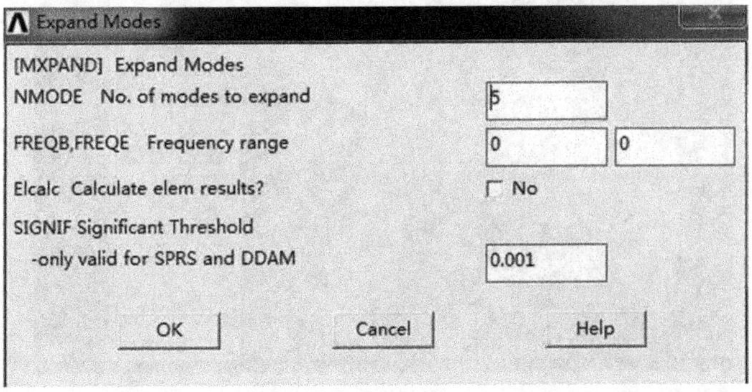

图 8-81　模态数定义

10）求解

拾取菜单 Main Menu > Solution > Solve > Current LS，单击“Solve Current Load Step”对话框中的“OK”按钮。出现“Solution is done!”提示时，求解结束，即可查看结果。

11）列表固有频率

拾取菜单 Main Menu > General Postproc > Results Summary，弹出窗口（图 8－82），列表中显示了模型的前 5 阶频率，查看完毕后，关闭该窗口。

SET,LIST Command

File

***** INDEX OF DATA SETS ON RESULTS FILE *****

SET	TIME/FREQ	LOAD STEP	SUBSTEP	CUMULATIVE
1	12650.	1	1	1
2	37712.	1	2	2
3	61945.	1	3	3
4	84352.	1	4	4
5	0.10165E+06	1	5	5

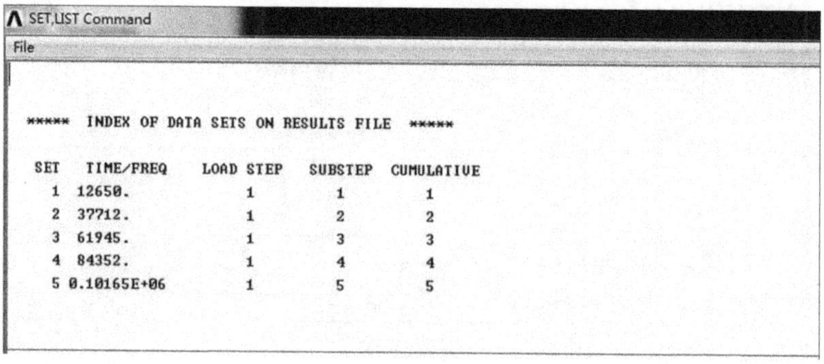

图 8－82　频率结果显示

12）从结果文件读结果

拾取菜单 Main Menu > General Postproc > Read Results > First Set。

13）改变视点便于更好地观察模型的模态

拾取菜单 Utility Menu > Plot Ctrls > Pan Zoom Rotate，在弹出的对话框中，单击“Left”按钮，如图 8－83 所示。

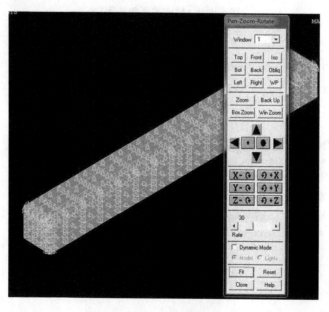

图 8－83　工作面旋转

14)用动画观察模型的一阶模态

拾取菜单 Utility Menu > Plot Ctrls > Animate > Mode Shape，弹出对话框，单击"OK"按钮，如图 8-84 所示。观察完毕，单击 Animation Controller 对话框中的"Close"按钮。

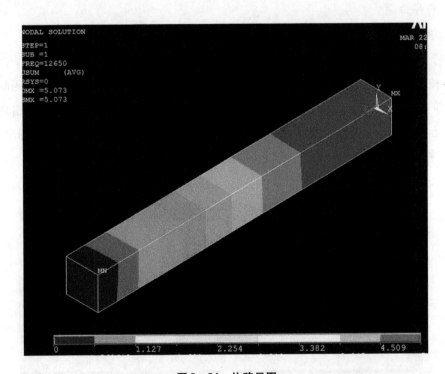

图 8-84　位移云图

15）观察其余各阶模态

拾取菜单 Main Menu > General Postproc > Read Results > Next Set，依次将其余各阶模态的结果读入，然后重复本步骤。观察完模型的各阶模态后，请自行分析频率结果产生误差的原因，并改进以上分析过程。

8.4 接触分析

算例1：颗粒增强基体复合材料接触分析

1. 计算分析模型

设定分析作业名和标题：Utility Menu: File > Change Jobname，如图 8-85 所示。

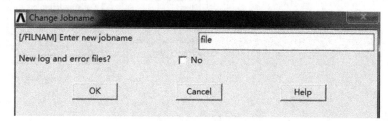

图 8-85 工作名定义

2. 程序命令

1）单元类型、几何特性及材料特性定义

执行 Preprocessor > Element Type > Add/Edit/Delete，弹出对话框，单击对话框中的"Add"按钮，弹出如图 8-86 所示对话框，选中该对话框中的"Solid"和"4node 182"选项，单击"OK"按钮，关闭对话框，返回上一级对话框，此时，对话框中出现刚才选中的单元类型：PLANE182。然后单击单元类型对话框中的"Options"按钮，弹出对话框，将 K3 一栏改为"Axisymmetric"轴对称，单击"OK"按钮，关闭对话框。

单元类型定义如图 8-86 所示。

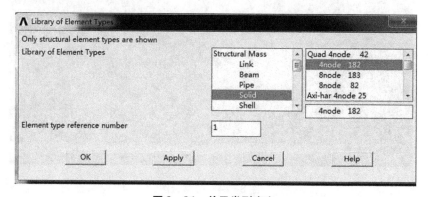

图 8-86 单元类型定义

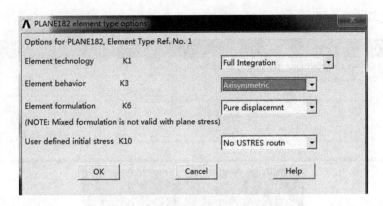

图 8-86 单元类型定义（续）

2）定义材料特性

单击主菜单中的 Preprocessor > Material Props > Material Models，在弹出的窗口中，逐级双击右框中 Structural > Linear > Elastic > Isotropic 前图标，弹出下一级对话框，在"EX"（弹性模量）一栏中输入"1.29E+011"，在"PRXY"（泊松比）一栏中输入"0.343"，单击"OK"按钮，回到上一级对话框，再次单击"Material"按钮，定义2号材料。逐级双击右框中 Structural > Linear > Elastic > Isotropic 前图标，弹出下一级对话框，在"EX"（弹性模量）一栏中输入"4.5E+011"，在"PRXY"（泊松比）一栏中输入"0.17"，单击"OK"按钮。

单元属性定义如图 8-87 所示。

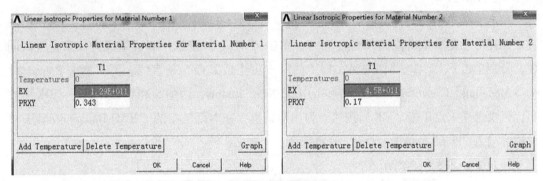

图 8-87 单元属性定义

3）实体模型的建立

Ⅰ．生成关键点

钢梁的横截面由6个关键点连线而成，各点坐标分别为：1 (0, 0, 0)、2 (1, 0, 0)、3 (1, 1, 0)、4 (0, 1, 0)、5 (0, 0.5, 0)、6 (0.5, 0, 0)。

单击主菜单中的 Preprocessor > Modeling > Create > Keypoints > in Active CS，弹出对话框。在"NPT Keypoint number"一栏中输入关键点号"1"，在"X, Y, Z Location in active CS"一栏中输入关键点1的坐标"(0, 0, 0)"，单击"Apply"按钮，同理将2~6点

的坐标输入,如图 8-88 所示。

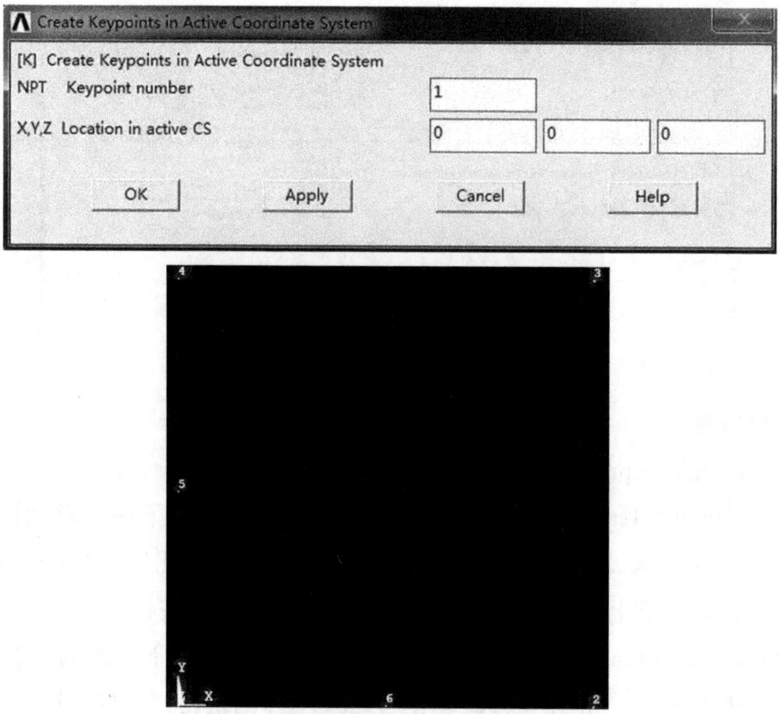

图 8-88 点定义

Ⅱ. 生成直线

单击主菜单中的 Preprocessor > Modeling > Create > Lines > Lines > Straight Line,弹出关键点选择对话框,依次点选关键点 1、6,单击"Apply"按钮,即可生成第一条直线。同理,分别单击 6、2;2、3;3、4;4、5;5、1 可生成其余 5 条直线。再次单击 Preprocessor > Modeling > Create > Lines > Arcs > by End KPs/ Radius,选中 5 和 6 点并单击"OK"按钮,再次选中 1 点单击"OK"按钮。弹出对话框,在对话框中的"RAD Radius of the arc"一栏中输入"0.5",单击"OK"按钮结束。

线定义如图 8-89 所示。

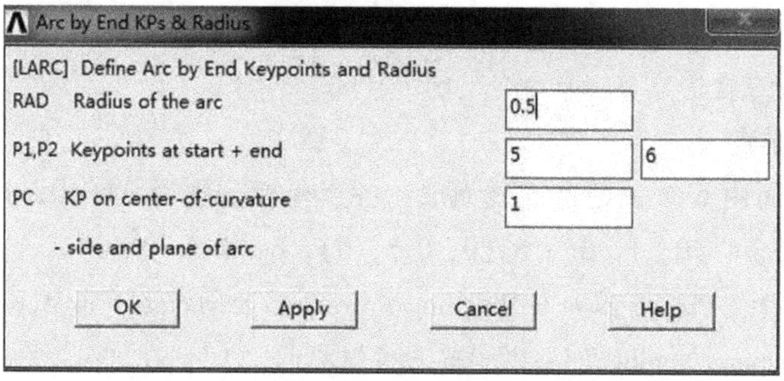

图 8-89 线定义

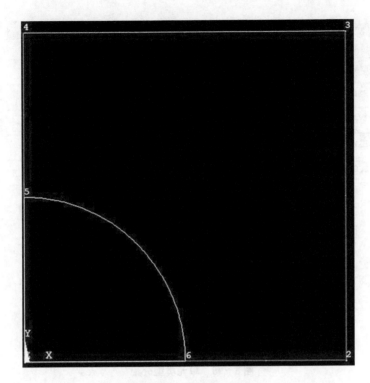

图 8-89 线定义（续）

Ⅲ. 生成平面

单击主菜单中的 Preprocessor > Modeling > Create > Areas > Arbitrary > by Lines，弹出"直线选择"对话框，依次点选 2、3、4、5、7 直线，单击"OK"按钮关闭对话框，即可生成一个面。再次点选 1、6、7 直线，单击"OK"按钮关闭对话框，即可生成另一个面。

Ⅳ. 布尔操作

单击主菜单中的 Preprocessor > Modeling > Operate > Booleans > Glue > Areas，选中两个面单击"OK"按钮，结束操作。

4）网络划分

（1）设定单元大小。单击主菜单中的 Preprocessor > Meshing > Mesh Tool，弹出对话框，在 Size Control 标签中的 Areas 一栏单击"Set"按钮，选中两个面单击"OK"按钮，弹出网格尺寸设置对话框，在"SIZE"一栏中输入"0.1"，其他保留缺省设置，单击"OK"按钮关闭对话框，如图 8-90 所示。

（2）继续单击 Element Attributes 标签中的 Areas 一栏，单击"Set"按钮，选中四分之一圆的面，单击"OK"按钮，弹出对话框，将 MAT 中的编号设为 2 号材料，单击"Apply"按钮，再次单击 Element Attributes 标签中的 Areas 一栏，单击"Set"按钮，选中剩余的面，单击"OK"按钮，弹出对话框，将 MAT 中的编号设为 1 号材料，单击"OK"按钮，结束操作。

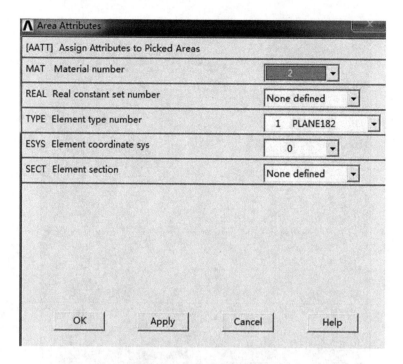

图 8-90 单元类型分配

接着上一步,在划分网格的对话框中,单击"Mesh"按钮,弹出体选择对话框,点选所有面,并单击"OK"按钮,即可完成对面结构的网格划分。

网格划分如图 8-91 所示。

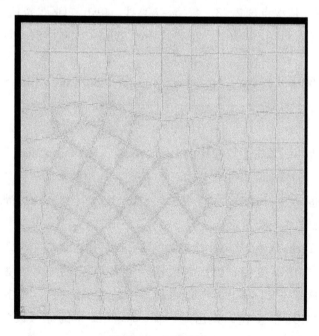

图 8-91 网格划分

5)施加荷载位移约束

单击主菜单的 Preprocessor > Loads > Define Loads > Apply > Structural > Displacement > on Lines,弹出线选择对话框,单击该面的左端线,单击"OK"按钮,弹出对话框,选择右上列表框中的"UX"并单击"Apply"按钮,单击该面的下端线,单击"OK"按钮。即可完成对面的位移约束,相当于左侧和下侧是对称轴。

约束定义如图 8-92 所示。

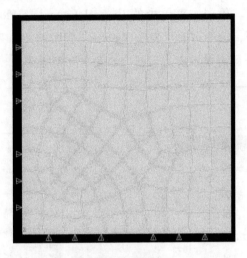

图 8-92 约束定义

施加分布力(F_Y)荷载。单击主菜单中的 Preprocessor > Loads > Define Loads > Apply > Structural > Pressure > on Lines,弹出线选择对话框,单击上端线,单击"OK"按钮,之后弹出另一个对话框,在该对话框中的"VALUE"一栏中输入"5000"(注:负号表示力的方向与 Y 的方向相反),其他保留缺省设置,然后单击"OK"按钮关闭对话框,如图 8-93 所示。

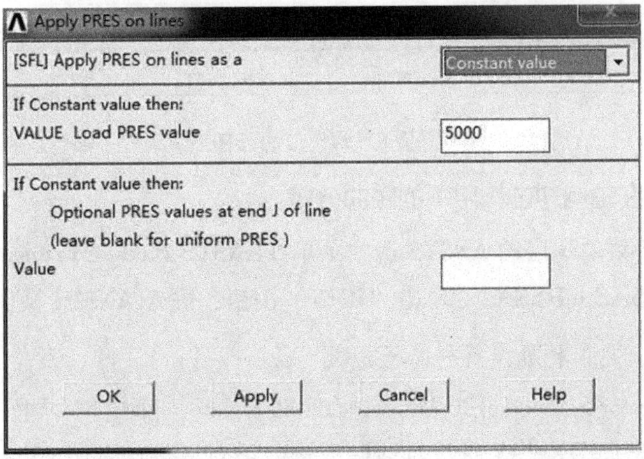

图 8-93 荷载定义

6）求解

单击主菜单中的 Solution > Solve > Current LS，在弹出的对话框中单击"OK"按钮，开始进行分析求解。分析完成后，又弹出一信息窗口提示用户已完成求解，单击"Close"按钮关闭对话框即可。至于在求解时产生的 STATUS Command 窗口，单击 File > Close 关闭即可。

7）分析结果浏览

绘制节点应力云图。单击主菜单中的 General Postproc > Plot Results > Contour Plot > Nodal Solu，弹出对话框，选中右上列表框"stress"栏中的"1st"选项，其他保留缺省设置。单击"OK"按钮，即可显示应力云图，如图 8-94 所示。

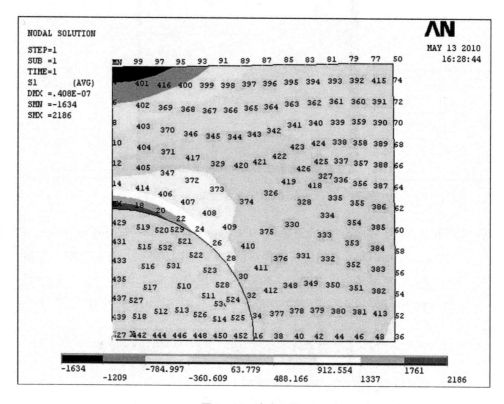

图 8-94 应力云图

算例2：薄壁方管在轴向冲击作用下的屈曲分析

依次选择开始菜单 > 启动 ANSYS 选项菜单 > ANSYS Product Launcher，在 ANSYS 登录界面选择"ANSYS LS – DYNA"，单击"RUN"按钮，进入 ANSYS 操作界面。

1. 单元类型、几何特性及材料特性定义

执行 Preprocessor > Element Type > Add/Edit/Delete，弹出对话框，单击对话框中的"Add"按钮，弹出如图 8-95 所示对话框，选中该对话框中的"LS – DYNA Explicit"和"Thin Shell63"选项，单击"OK"按钮关闭对话框，返回上一级对话框，此时，对话框中出现刚才选中的单元类型：Shell163。

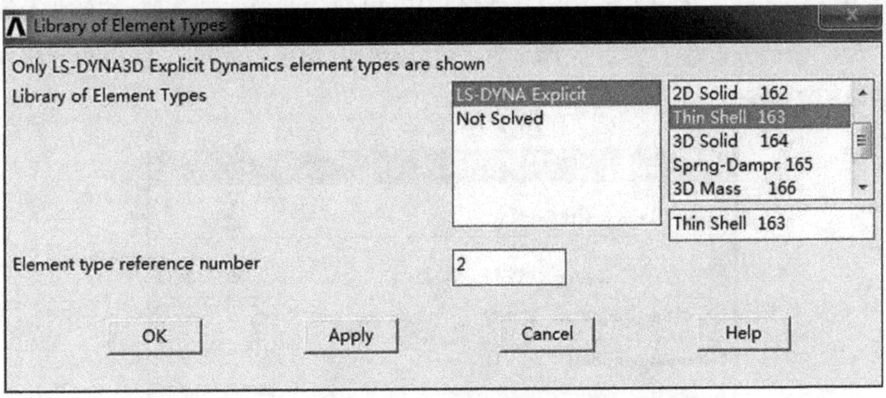

图 8-95　单元类型定义

继续单击单元类型对话框中的"Options"按钮，在单元规则下拉列表中选择"Belytschko – Wong"，然后单击"OK"按钮，关闭对话框完成单元的定义，如图 8-96 所示。

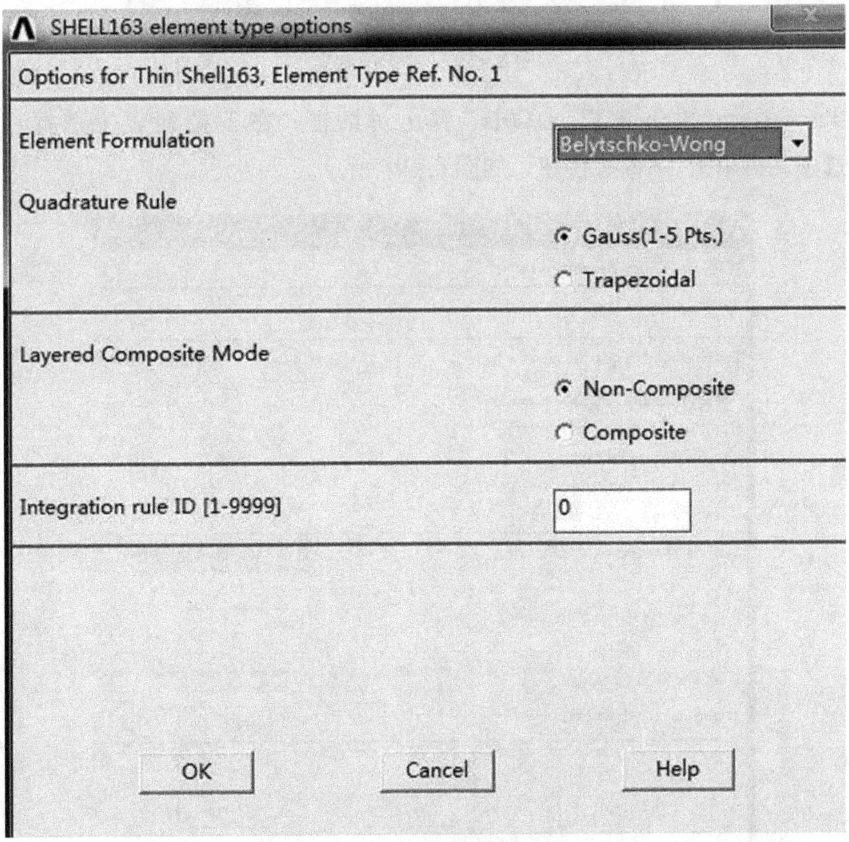

图 8-96　单元类型选项设置

2. 定义实常数

选择 Preprocessor > Real Constants，选择 SHELL163，并单击"OK"按钮，分别输入剪切因子"5/6"，积分点数"5"，壳厚"2"，然后单击"OK"按钮，完成单元实常数的定义，如图 8-97 所示。

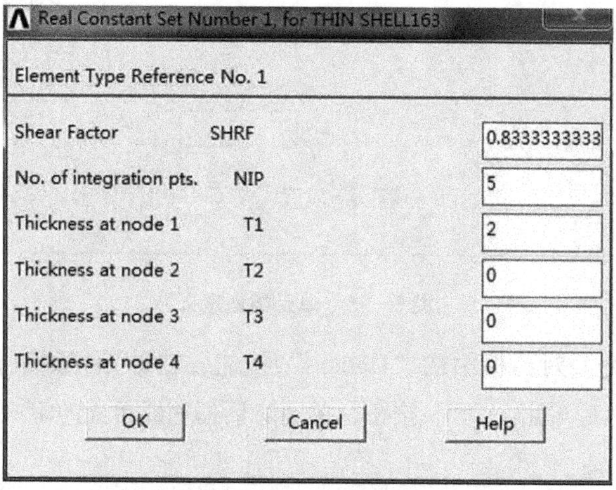

图 8-97　实常数定义

选择 Preprocessor > Shell Elem Ctrls，弹出对话框，在下拉列表中选择"Thickness Change"选项，再单击"OK"按钮，如图 8-98 所示。

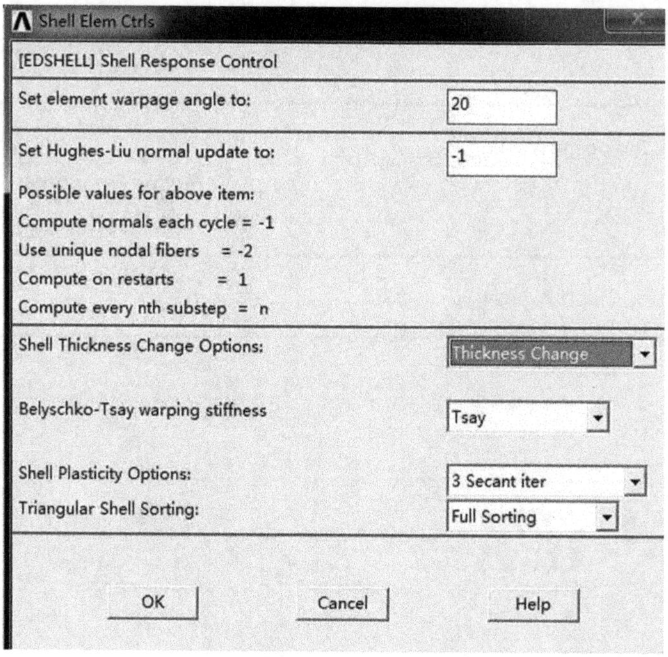

图 8-98　壳单元厚度设置

3. 定义材料特性

单击主菜单中的 Preprocessor > Material Props > Material Models，弹出窗口，逐级双击右框中的 LS – DYNA > Nonlinear > Inelastic > Isotropic Hardening > Bilinear Isotropic 前图标，弹出下一级对话框，在"EX"（弹性模量）一栏中输入"210"，在"NUXY"（泊松比）一栏中输入"0.3"，在"DENS"一栏中输入"7.85E – 006"，在"Yield Stress"一栏中输入"0.23"，在"Tangent Modulus"一栏中输入"10"，单击"OK"按钮，回到上一级对话框，关闭对话框，如图 8 – 99 所示。

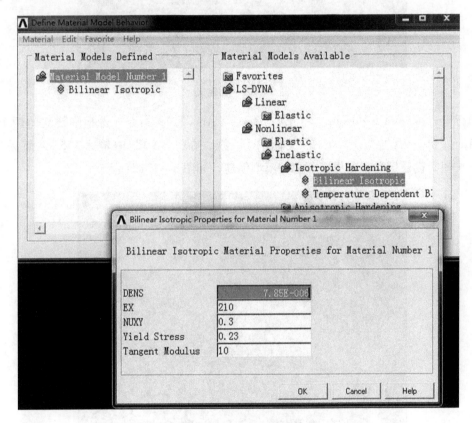

图 8 – 99　单元属性定义

4. 三维实体模型的建立

生成关键点，其各点坐标分别为：1 (40, 0, 0)、2 (40, 40, 0)、3 (0, 40, 0)、4 (40, 0, 400)。单击主菜单中的 Preprocessor > Modeling > Create > Keypoints > in Active CS，进行创建。依次选择 Preprocessor > Modeling > Create > Lines > Straight Line，再依次连接 1、2 和 2、3 直线，连接 1、4 直线，单击"OK"按钮。

执行 Preprocessor > Modeling > Operate > Extrude > Lines > along Lines 命令，弹出对象拾取框，用鼠标选定方管端面的两条直线，单击"Apply"按钮，然后用鼠标选定辅助直线，单击"OK"按钮，如图 8 – 100 所示。

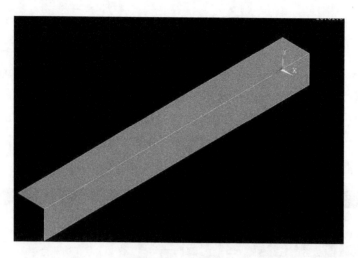

图 8-100 面定义

执行 Preprocessor > Modeling > Creat > Areas > Area Fillet 命令，选择刚建立的两个面，单击 Area Fillet 中的"OK"按钮，弹出对话框，在"RAD"中输入"5"，最后单击"OK"按钮，创建倒角，完成四分之一模型创建，如图 8-101 所示。

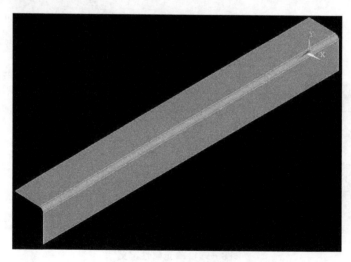

图 8-101 倒角设置

5. 网络划分

设定单元大小。单击主菜单中的 Preprocessor > Meshing > Mesh Tool，弹出对话框，在单元分配属性部分选择"Areas"。单击"Set"按钮，弹出拾取对话框，拾取所有面，单击"OK"按钮，将单元 1、材料 1 分配面。

单击"Mesh Tool"，单击"Areas"弹出对话框，在"Element edge length"设置中输入"4"，按"OK"按钮。接着上一步，划分网格的对话框中，选中单选框"Quad"和"Mapped"，其他保留缺省设置，然后单击"Mesh"按钮，弹出面选择对话框，拾取面并单击"OK"按钮,即可完成对整个结构的网格划分。

网格划分如图 8-102 所示。

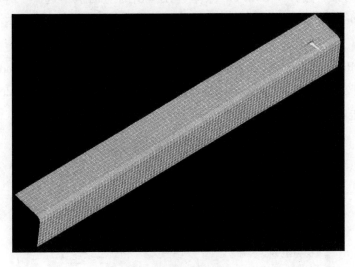

图 8-102 网格划分

6. 定义接触

依次选择 Preprocessor > LS - DYNA Options > Contact > Define Contact,弹出如图 8-103 所示对话框,单击"Single Surface"和"Automatic (ASSC)",定义接触面的摩擦系数为"0.1",单击"OK"按钮,关闭对话框。

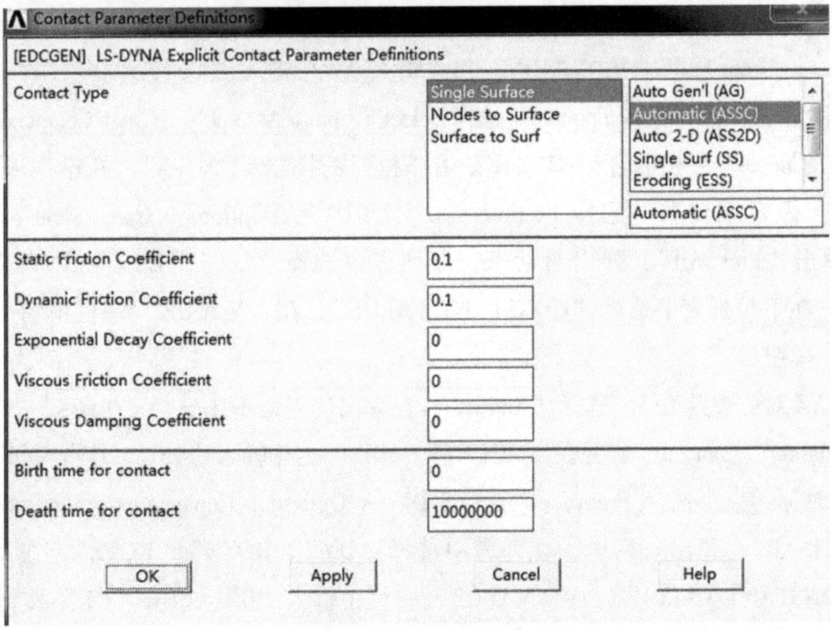

图 8-103 接触定义

7. 施加荷载

施加位移约束。选择"Entites"菜单，在弹出的对话框中选择"Nodes""by Location""Z Coordination""From Full"，并在"MIN"和"MAX"栏中输入"0"，单击"OK"按钮。

依次选择 Preprocessor > LS-DYNA Options > Constraints > Apply > on Nodes，单击"Pick All"，选择"UZ"，选择"Constant value"，在"VALUE Displacement value"一栏中输入"0"，最后单击"OK"按钮，如图 8-104 所示。

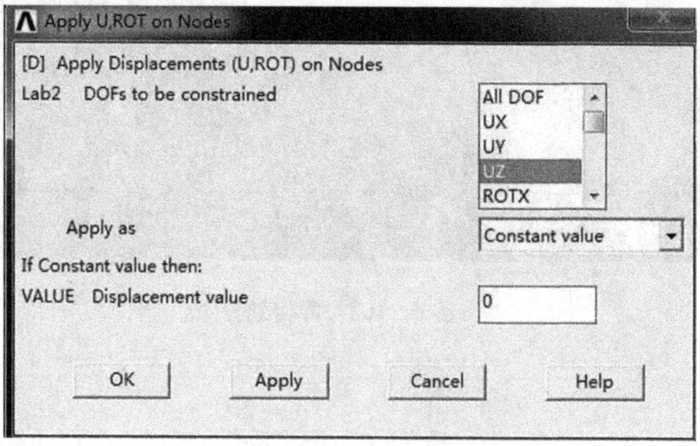

图 8-104　约束设置

通过 Select > Everything，恢复全部实体对象选择。

选择上固定端节点。选择"Entites"，在弹出的对话框中选择"Nodes""by Location""Z Coordination""from Full"，并在"MIN"和"MAX"栏中输入"400"，单击"OK"按钮。

创建固定端节点组件 Component。选择 Select > Comp/Assembly > Creat Component，弹出对话框，在"Cname"一栏中输入"PUSH"，在下拉列表中选择"Nodes"，单击"OK"按钮。

定义上固定端位移。选择 Preprecessor > LS-DYNA Options > Constraints > Apply > on Nodes，单击"Pick All"，弹出对话框，在列表中选择"UX""UY""ROTX""ROTY""ROTZ"，在下拉列表中选择"CONSTANT VALUE"，在"VALUE"一栏中输入"0"，单击"OK"按钮。

定义 XZ 对称边界条件。选择"Entites"，在弹出的对话框中选择"Nodes""by Location""Y Coordination""from Full"，并在"MIN"和"MAX"栏中输入"400"，单击"OK"按钮。

定义对称约束。选择 Preprocessor > LS-DYNA Options > Constraints > Apply > on Nodes，单击"Pick All"，弹出对话框，在列表中选择"UY""ROTX""ROTZ"，在下拉列表中选择"CONSTANT VALUE"，在"VALUE"一栏中输入"0"，单击"OK"按钮。

定义 YZ 对称边界。选择"Entites"，在弹出的对话框中选择"Nodes""by Location""X Coordination""from Full"，并在"MIN"和"MAX"栏中输入"400"，单击"OK"

按钮，选择 Preprocessor > LS-DYNA Options > Constraints > Apply > on Nodes，单击"Pick All"，弹出对话框，在列表中选择"UX""ROTY""ROTZ"，在下拉列表中选择"CONSTANT VALUE"，在"VALUE"一栏中输入"0"，单击"OK"按钮。选择 Plot > Mutiplots，检查约束定义是否正确。

检查约束设置如图 8-105 所示。

图 8-105　检查约束设置

8. 施加冲击荷载

1) 定义荷载数组

单击主菜单中的 Parameters > Array Parameters > Define，弹出对话框，单击"Add"按钮，之后弹出另一个对话框，在该对话框中的"Name"一栏中输入"TIME"，选择"array"，在"No."一栏中输入"2、1、1"，单击"Apply"按钮。弹出新的对话框，在"Name"一栏中输入"DISP"，选择"array"，在"No."中输入"2、1、1"，然后单击"OK"按钮关闭对话框。选择 Array Parameters 对话框中的列表"TIME"选项，单击"EDIT"按钮，弹出对话框并输入数值。然后选择 File > Apply/Quit 命令，完成赋值。后用同样的方法为 DISP 完成赋值。

冲击荷载定义如图 8-106 所示。

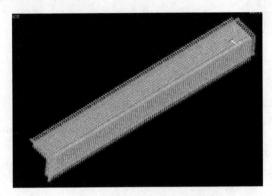

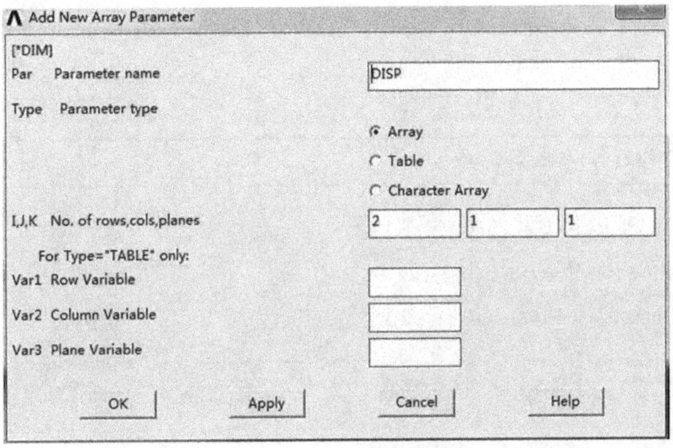

图 8-106　冲击荷载定义

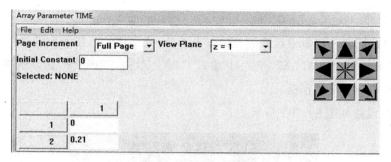

图 8-106　冲击荷载定义（续）

2）施加荷载

选择 Preprocessor > LS-DYNA Options > Loading Options > Specify Loads，在弹出的对话框中选择"Add Loads"，选择"UZ"，在 Component name or PART number 下拉列表中选择"PUSH"，在 Parameter name for time values 下拉列表中选择"TIME"，在 Parameter name for data values 中选择"DISP"，最后单击"OK"按钮，如图 8-107 所示。

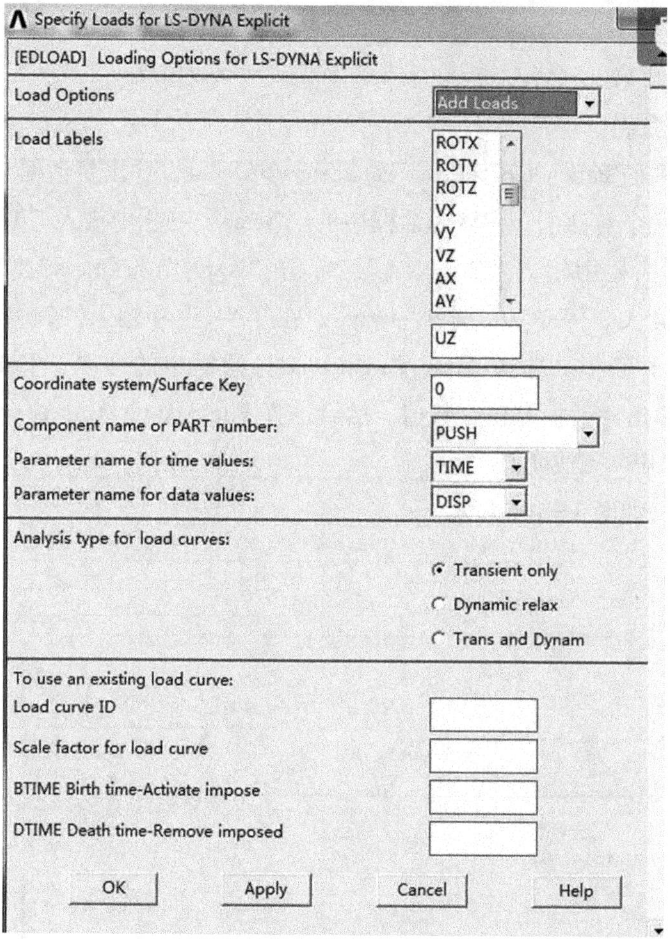

图 8-107　冲击选项设置

9. 求解控制

单击主菜单中的 Solution > Time Controls > Solution Time，在弹出的对话框中设置"TIME"为"2"，最后单击"OK"按钮确定。执行"Solution > Output Controls > File Output Freq > Number of Steps"，在弹出的对话框中输入步数为"20"，时间-历程为"20"，重启步数"1"，单击"OK"按钮，如图 8-108 所示。

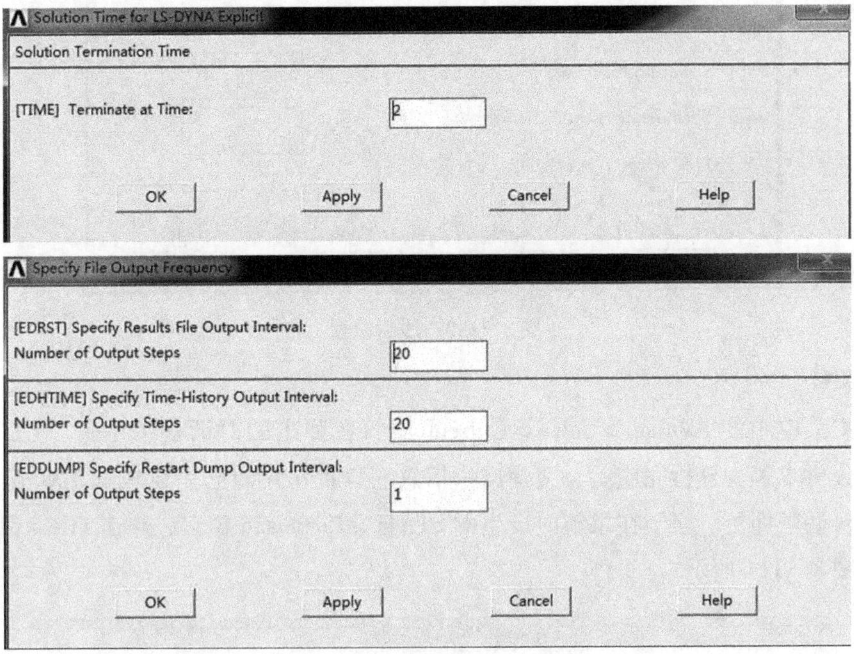

图 8-108　时间-历程设置

设置壳单元厚度方向积分点输出数。执行 Solution > Output Controls > Integ Pt Storge，在弹出的对话框中输入"5"，单击"OK"按钮，如图 8-109 所示。

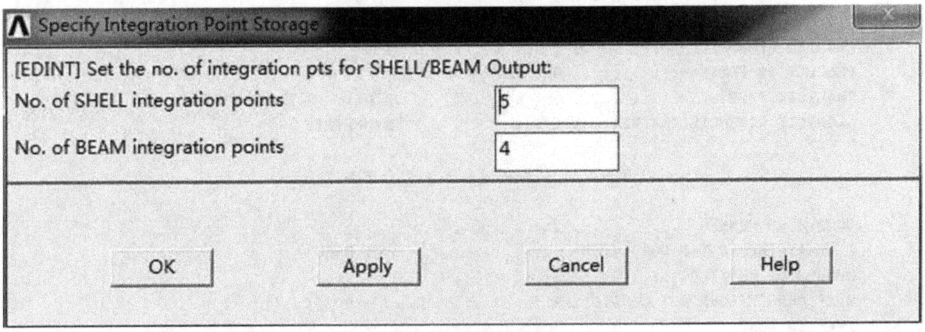

图 8-109　厚度方向输出数设置

设置沙漏控制。执行"Solution > Analysis Options > Hourglass Ctrls > Local"，在弹出的对话框中的"VAL1"一栏中输入"5"，单击"OK"按钮，如图 8-110 所示。

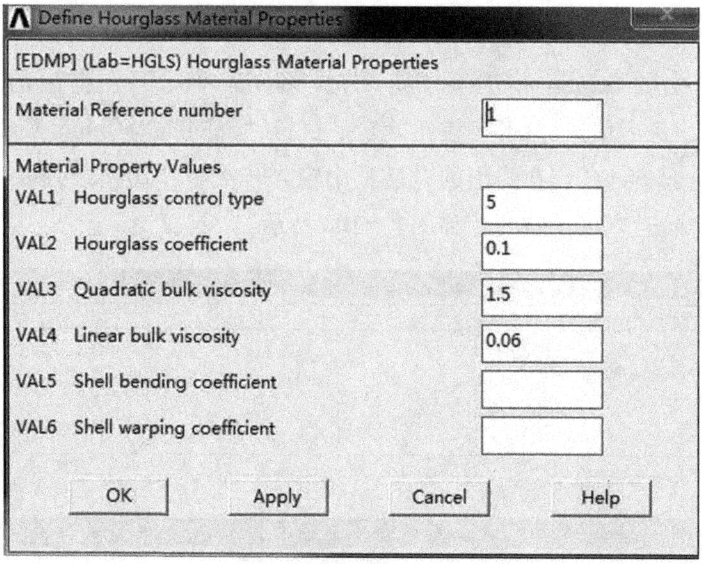

图 8-110 沙漏设置

10. 求解

单击主菜单中的 Solution > Solve > Current LS，在弹出的对话框中单击"OK"按钮，开始进行分析求解。分析完成后，又弹出一信息窗口提示用户已完成求解，单击"Close"按钮关闭对话框即可。至于在求解时产生的 STATUS Command 窗口，单击 File > Close 关闭即可，如图 8-111 所示。

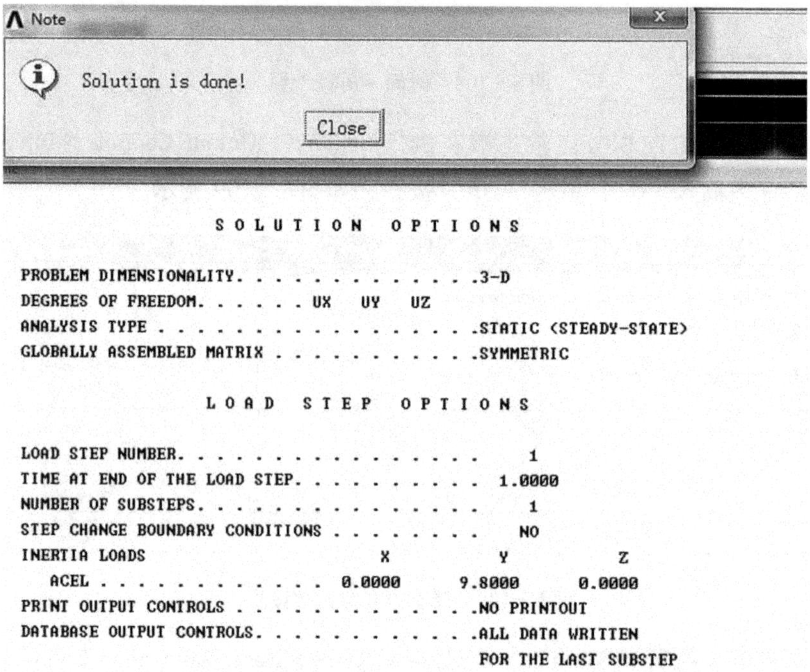

图 8-111 求解器

8.5 屈曲分析

算例1：开孔细长杆件屈曲分析

一个细长的柱体（或者说是一个细长的杆件）。柱体（杆件）的参数为长4 000 mm（4 m），宽（厚）100 mm（0.1 m），高100 mm（0.1 m）。柱体（杆件）截面的形心的连线上，分别开有三个半径为10 mm（0.01 m）的圆形贯穿孔且三个圆形贯穿孔等间距。它们分别在1 000 mm，2 000 mm，3 000 mm处。并且杆件的左端是固定的，右端是自由的。

1. 打开 ANSYS

单击 Mechanical APDL，出现 ANSYS 的工作平面。

2. 设置前置处理

单击 Preference > 出现 Preferences for GUI Filtering 对话框 > 选择 Structural > 单击"OK"按钮。

单击 Preprocessor > Element Type > Add/Edit/Delete > Element Types > Add > Library Element Types > Solid > Brick 8 Node 185 > OK，单击"Close"按钮关掉所有对话框，如图 8 - 112所示。

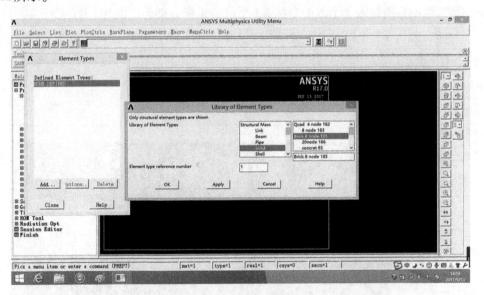

图 8 - 112　选择单元类型

单击 Material Props > Material Models > Structural > Linear > Elastic > Isotropic > Linear Isotropic Material for Material Number，在"EX"处输入"2.1E+011"，在"PRXY"输入"0.3"，单击"OK"按钮关闭对话框，如图 8 - 113 所示。

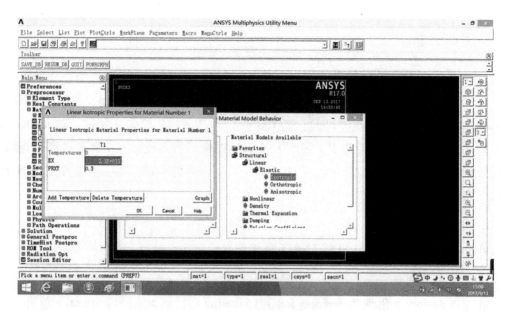

图 8-113 设置材料属性

3. 创建模型

单击 Modeling > Create > Keypoints > in Active CS > Create Keypoints in Active Coordinate System > "NPT Keypoints Number"，在栏中分别输入"1~7"。在"X, Y, Z Location in active CS"栏中分别输入 7 个点的坐标。7 个点的坐标分别为（0, 0, 0）（4, 0, 0）（4, 0.1, 0）（0, 0.1, 0）（1, 0.05, 0）（2, 0.05, 0）（3, 0.05, 0），单击"OK"按钮，如图 8-114 所示。

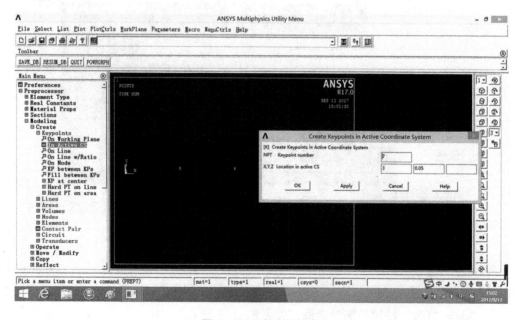

图 8-114 创建关键点

单击 Lines > Lines > Straight Lines > Create Lines 的对话框，将1到4点连接起来。单击"Full Circle"，拾取5号关键点，并在 Full Circle 的对话框中输入（1，0.045），单击"Apply"按钮选取第六点，并在 Full Circle 的对话框中输入（2，0.045），单击 Apply 选取第七点，并在 Full Circle 的对话框中输入（3，0.045），单击"OK"按钮。单击 Area > Arbitrary > by Lines > Create by Lines 的对话框，拾取所有的线段包括曲线，单击"OK"按钮生成面，如图8-115所示。

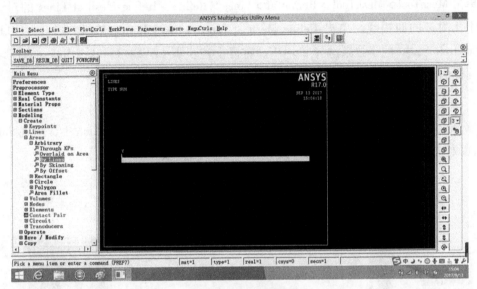

图8-115 生成面

单击 Operate > Extrude > Areas > along Normal > Extrude Area by Norm > 选择面 > Extrude Areas along Normal > DIST Length of Extrusion，0.1 并单击"OK"按钮，如图8-116所示。

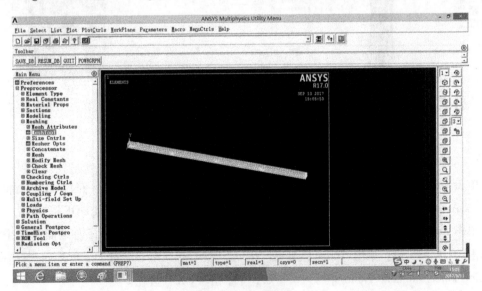

图8-116 延伸体

4. 网格划分

单击 Meshing > MeshTool > MeshTool 的工具栏，在 Size Control 中选择 Golal 的 Set，单击 Golal Element Sizes > Sizes Element Edge Lenth > 0.04 > OK > Mash Volumes 并单击"OK"按钮。在 Mesh Tool 的工具栏里选择"Shape"中的"Tri"和"Free" > "Mesh"并单击体。

5. 网格细分

单击 MeshTool > MeshTool > Refine at > Lines > Refine > Refine Mesh at Lines 的对话框，单击小孔附近的四根线。单击 Refine Mesh at Lines > OK > Refine Mesh at Lines > LEVEL Level of Refinement 的下拉条选择 2 > OK。重复上述步骤 LEVEL Level of Refinement > OK。使用同样的方法将三个网格同时划分完毕。

6. 设定求解类型

单击 Solution > Analysis Type > New Analysis > Static > OK > Sol'n Controls，出现 Solution Controls 对话框，按图 8-117 所示修改，并单击"OK"按钮。

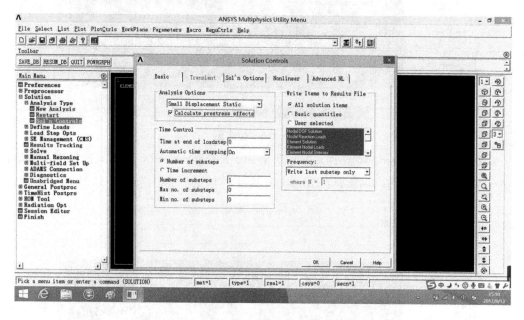

图 8-117　修改求解命令

7. 施加荷载与约束

单击 Define Loads > Apply > Structural > Displacement > on Areas > 左端面 > Apply U,ROT on Areas > 并在 Lab2 DOFs to be Constrained 的选项栏里选择"All DOF" > OK。

单击 Force/Moment > on Nodes，此时出现选择节点的对话框，选择右端面的四个节点并单击"OK"按钮。单击 Apply F/M on Nodes，在 Lab Direction of Force/Mom 中选择 FX > Value Force/Moment Value 并写入"-0.5"单击"OK"按钮。

施加约束如图 8-118 所示。

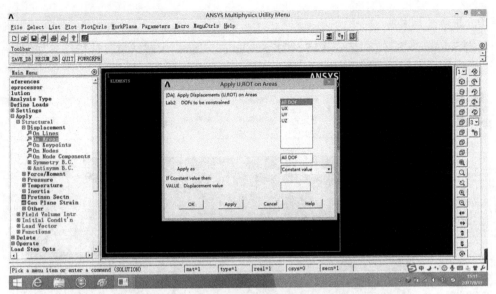

图 8-118 施加约束

8. 求解

单击 Solution > Solve > Current LS。等待求解,出现"Solution is done"时求解结束。

9. 更改分析类型

单击 Solution > Analysis Type > New Analysis,在对话框中选择 Eigen Buckling 并单击"OK"按钮,如图 8-119 所示。单击 Sol'n Controls > Eigenvalue Buckling Options > NMODE No. of Modes to Extrac,将 0 改成 5。单击"OK"按钮 > Load Step Opts > Expand Options > Expand Options > NMODE No. of Modes to Expand 并将 0 改成 5。将 Elcalc Calculate Elem Result 的复选框中的 No 改成 Yes。

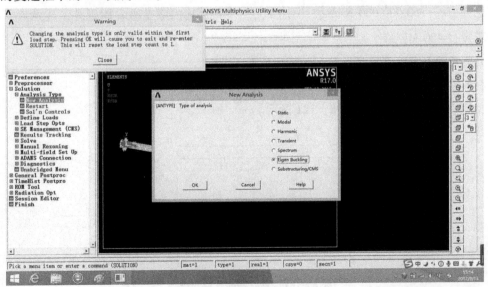

图 8-119 设置屈曲分析求解

10. 屈曲分析求解

单击 Solution > Solve > Current LS > OK > Solution is done 求解结束，分析结果如图 8-20 所示。

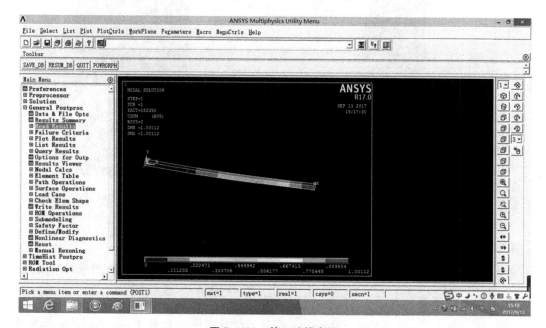

图 8-120　第一阶模态图

8.6　非线性分析

算例 1：受均布荷载的悬臂梁非线性分析

已知：$q = 150\ 000\ 000\ \text{N/m}^2$，设计 $d_{\min}$，使得结构内除支座 B 附近外，任意点 Mises 应力不超过 400 MPa。

几何参数：长×高×厚 = 4 m×1 m×0.1 m。

材料参数：$E = 210$ GPa，泊松比 = 0.3。

材料模型及材料行为如图 8-121 所示。

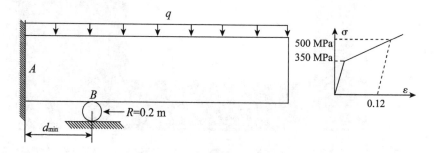

图 8-121　材料模型及材料行为

1. 模型的构造

单击 Preprocessor > Element > Add/Edit/Delete，选择 Solid 单元中的 8 node 183 单元，如图 8-122 所示。

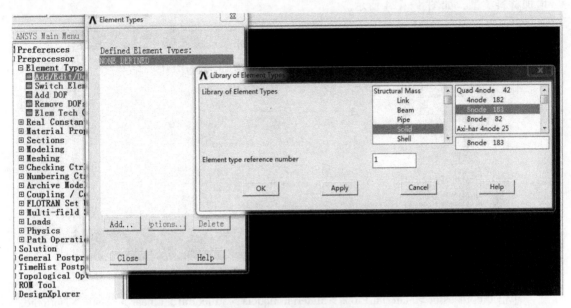

图 8-122　设置单元类型

单击 Preprocessor > Real Constants > Add，将模型厚度设置为 0.1。

单击 Preprocessor > Material Props > Material Models > Structural > Linear > Elastic > Isotropic，设置材料线性参数，如图 8-123 所示。

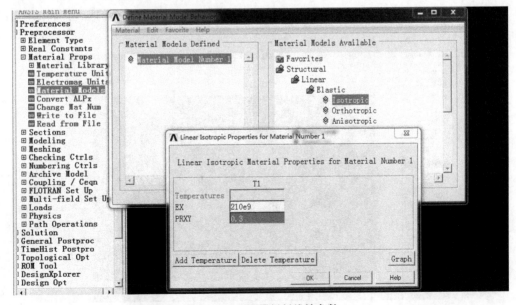

图 8-123　设置材料线性参数

单击 Preprocessor > Material Props > Material Models > Structural > Nolinear > Inelastic > Rate Indenpendent > Isotropic Hardening Plasticity > Bilinear，设置材料非线性参数。

单击 Preprocessor > Material Props > Material Models，单击左上角的"Material"按钮，增加材料类型，如图 8-124 所示。

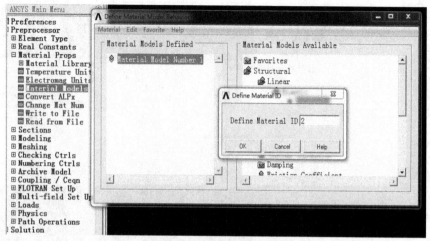

图 8-124 增加材料类型

单击 Preprocessor > Material Props > Material Models > Structural > Linear > Elastic > Isotropic。

单击 Preprocessor > Modeling > Creat > Keypoints > in Active CS，关键点坐标为（0, 0, 0,），(4, 0, 0)，(4, 1, 0)，(0, 1, 0)。

单击 Preprocessor > Modeling > Creat > Lines > Lines > Straight Line，拾取关键点，如图 8-125 所示。

单击 Preprocessor > Modeling > Creat > Areas > Arbitrary > by Lines，拾取线，如图 8-126 所示。

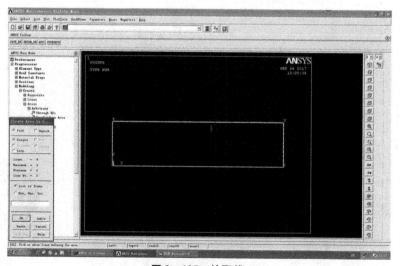

图 8-125 拾取线

单击 Preprocessor > Modeling > Creat > Area > Circle > Solid Circle，输入圆心坐标和半径。

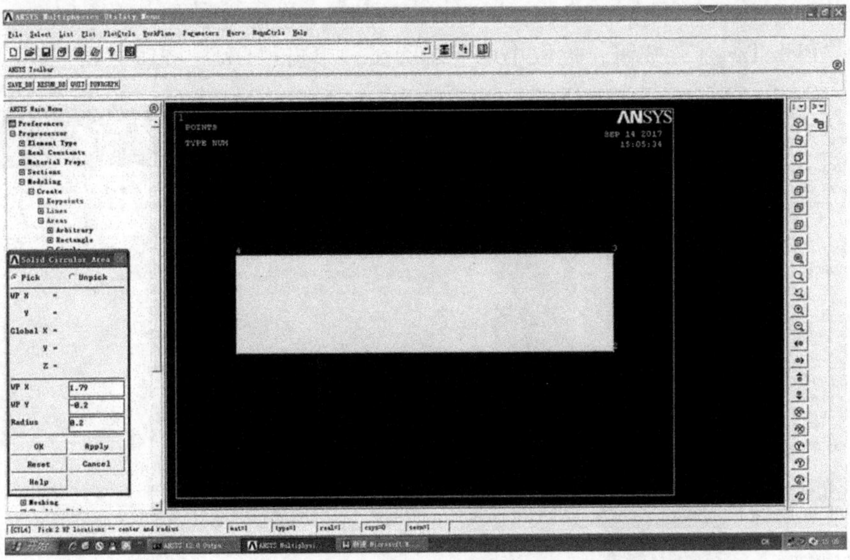

图 8 – 126　创建面

单击 Preprocessor > Meshing > MeshTool，单击窗口最上边的下拉按钮，选择"Areas"，单击"Set"按钮，拾取面，单击"OK"按钮，如图 8 – 127 所示。

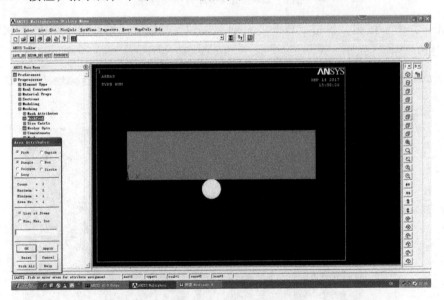

图 8 – 127　定义梁的材料类型

2. 网格划分

单击 Size Control 栏中的"Set"按钮，拾取面，单击"OK"按钮，设置单元边缘长度为 0.1。

在Mesh栏中选择"Mapped",单击"Mesh"按钮,拾取面,单击"OK"按钮。

单击Preprocessor > Modeling > Creats > Contact Pair,单击窗口左上角图标。

单击"Pick Target"按钮,拾取小球上端圆弧,单击"OK"按钮,如图8-128所示。

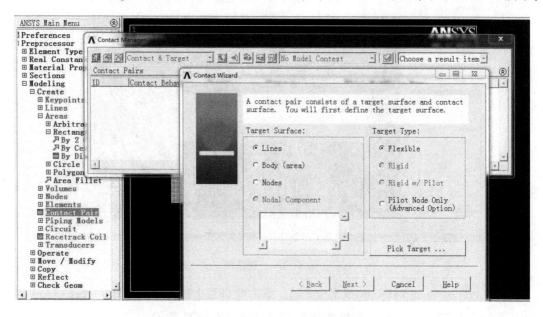

图8-128 创建小球为接触目标

单击"Next"按钮,单击"Pick Contact"按钮,拾取梁底端线段,单击"OK"按钮,如图8-129所示。

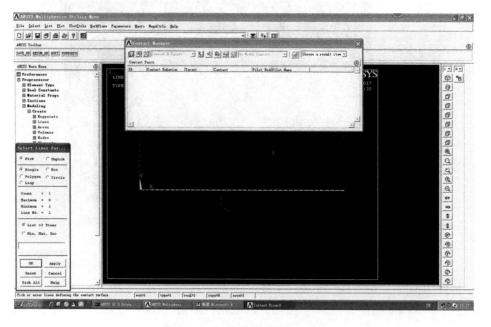

图8-129 选取梁的接触位置

单击"Next"按钮,单击"OK"按钮。

3. 设置约束和荷载

单击 Preprocessor > Loads > Defined Loads > Structural > on Lines,拾取梁左端线段,单击"OK"按钮,选择"All DOF",单击"OK"按钮。

单击 Preprocessor > Loads > Defined Loads > Structural > Displacement > on Lines,拾取小球下端圆弧,单击"OK"按钮,选择"UY",单击"OK"按钮。

单击 Preprocessor > Loads > Defined Loads > Structural > Pressure > on Lines,拾取梁上端线段,单击"OK"按钮,输入"15e7",单击"OK"按钮,如图 8 – 130 所示。

4. 求解

单击 Solution > Solve > Current CS,出现"Solution is done",则计算完成。

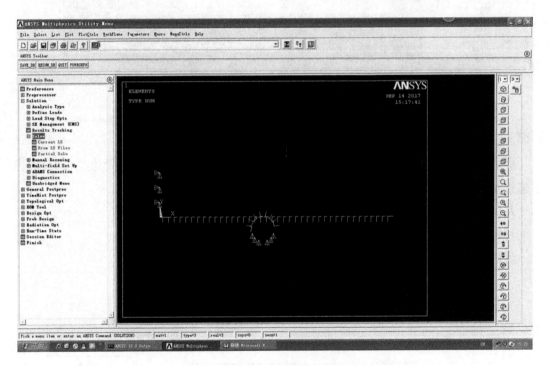

图 8 – 130　求解模型

5. 查看结果

单击 Postproc > Plot Results > Nodal Solusion > Von Mises Stress,查看 Mises 应力云图,如图 8 – 131 所示。

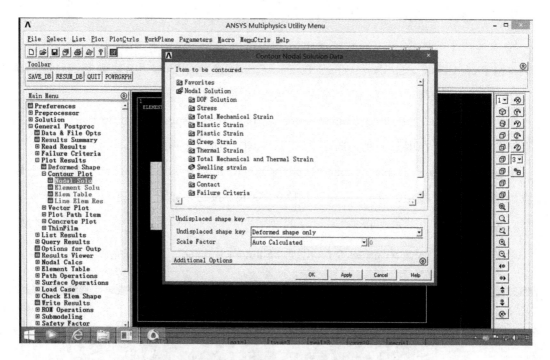

图 8-131　查看 Mises 应力云图

算例 2：受集中荷载作用的悬臂梁非线性分析

已知：荷载 $P = 300\,000\,000$ N，设计 d_{min}，使得结构内除荷载作用处任意点 Mises 应力不超过 400 MPa。

几何参数：长×高×厚 = 4 m × 1 m × 0.1 m。

材料参数：$E = 210$ GPa，泊松比 0.3。

材料模型及材料行为如图 8-132 所示。

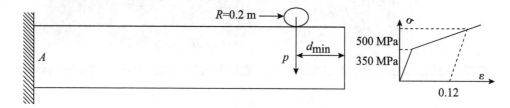

图 8-132　材料模型及材料行为

1. 定义单元类型

单击 Main Menu > Preprocessor > Element Type > Add/Edit/Delete，出现 Element Types 列表框。单击"Add"按钮出现单元类型库对话框，在左侧列表中选择"Structural Solid"，右侧列表中选择"8node 183"，单击"OK"按钮，如图 8-133 所示。

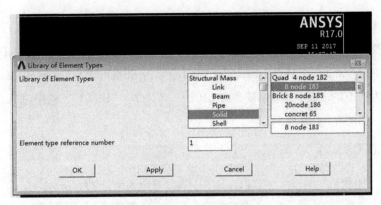

图 8-133 选择单元类型

在 Element Types 列表框中单击"Options"按钮,弹出 PLANE183 element type Options 列表框,在 K3 右侧列表中选择"Plane strs w/thk"然后单击"OK"按钮。关闭 Element Types 列表框,如图 8-134 所示。

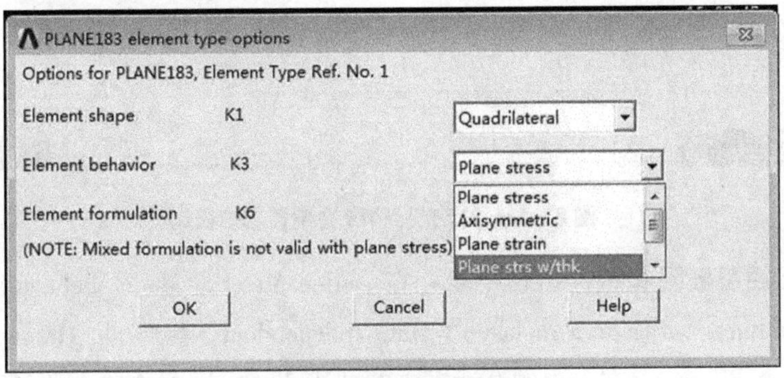

图 8-134 设定单元属性

2. 定义单元属性

Main Menu > Preprocessor > Real Constants > Add/Edit/ Delete,弹出 Real Constants 对话框,单击"Add"按钮;弹出 Element Types for Real Constants 对话框,单击"OK"按钮;弹出如图 8-135 所示对话框,在 THK 右侧框中输入 0.1,单击"OK"按钮关闭此对话框,单击 Real Constants 对话框下的"Close"按钮,关闭对话框。

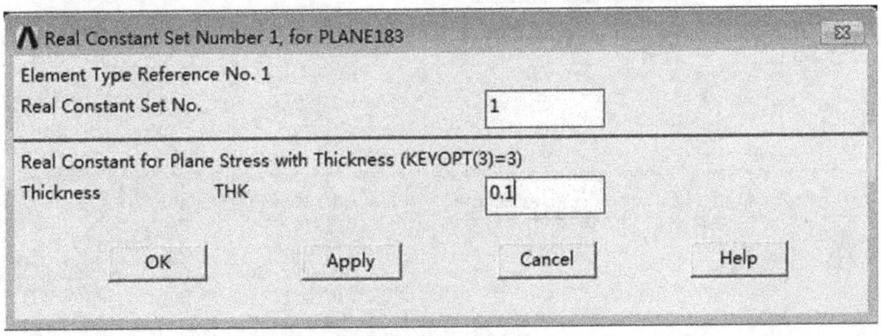

图 8-135 定义平面实体厚度

3. 定义材料特性

(1) 定义弹性模量和泊松比：单击 Main Menu > Preprocessor > Material Props > Material Models，在 Define Material Model Behavior 窗口中双击 Structural > Linear > Elastic > Isotropic。在出现的对话框中的"EX"栏中输入"210e9"（Pa），"PRXY"栏中输入"0.3"，单击"OK"按钮，如图 8-136 所示。

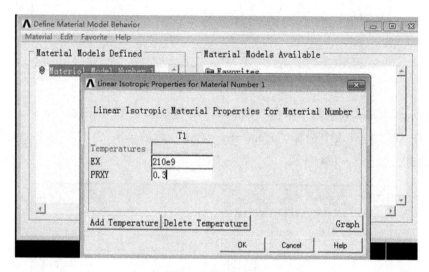

图 8-136　定义材料弹性模量与泊松比

(2) 定义屈服极限和塑性剪切模量：在 Define Material Model Behavior 窗口中，单击 Structural > Nonlinear > Elastic > Inelastic > Rate Independent > Isotropic Hardening Plasticity > Mises Plasticity > Bilinear，在出现的对话框中的"Yield Stss"栏中输入"350e6"（Pa）；在"Tang Mod"栏中输入"8e10"（Pa），单击"OK"按钮，关闭 Define Material Model Behavior 窗口，如图 8-137 所示。

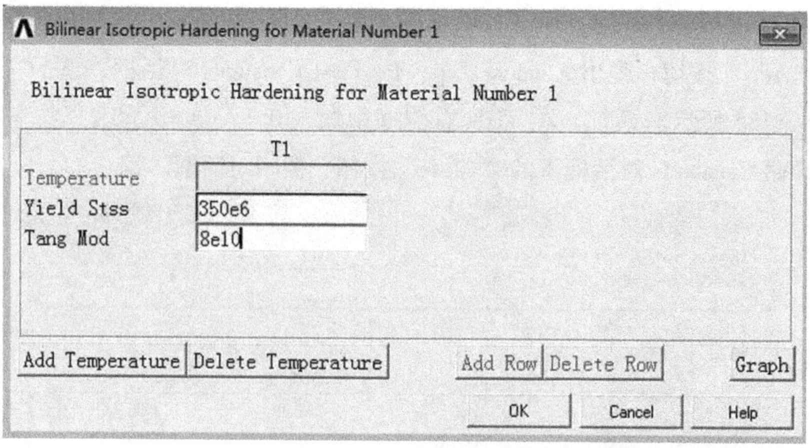

图 8-137　定义材料屈服极限与塑性剪切模量

4. 建立模型

(1) 生成特征点：Main Menu > Preprocessor > Modeling > Create > Keypoints > in Active CS，输入节点 1 (0, 0)，单击 "Apply" 按钮，输入 2 (4, 0)，同理，输入 3 (4, 1)、4 (0, 1)、5 (1.8, 1)、6 (1.9, 1)，单击 "OK" 按钮，如图 8-138 所示。

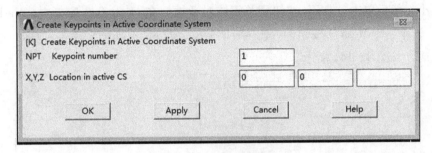

图 8-138 生成关键点

(2) 连接特征点成线：Main Menu > Preprocessor > Modeling > Create > Lines > Lines > Straight lines，弹出 Create Straight Line 对话框，依次连接 1、2、3、5、6、4、1 点，单击 "OK" 按钮，如图 8-139 所示。

图 8-139 生成线

(3) 生成：Main Menu > Preprocessor > Modeling > Create > Areas > Arbitrary > by Lines，弹出 Create Areas by Lines 对话框，依次选择四条线，单击 "OK" 按钮，如图 8-140 所示。

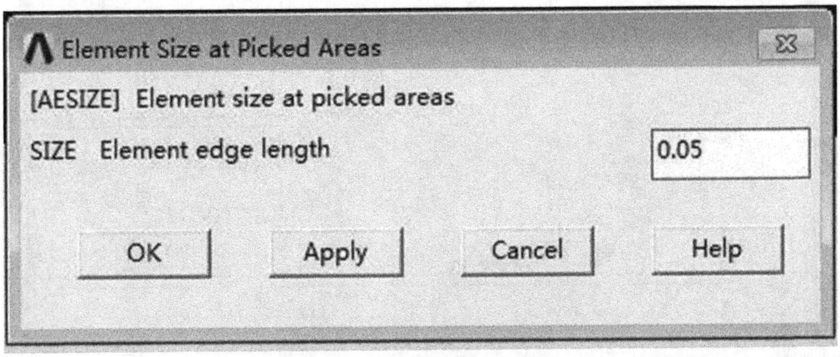

图 8-140 定义单元尺寸

5. 划分网格

单击 Main Menu > Preprocessor > Meshing > Mesh Tool，弹出 Mesh Tool 对话框，单击 Size Controls 区域 Areas 后的"Set"按钮，弹出 Element Size Picked Areas 窗口，选择生成的面，单击"OK"按钮，弹出 Element Size on Picked Ares 对话框，在"SIZE"一栏中输入网格大小，然后单击"OK"按钮，关闭该对话框。在 Mesh Tool 窗口中，Mesh 区域选择"Free"，单击"Mesh"按钮，弹出 Mesh Areas 窗口，选择面，单击"OK"按钮，网格划分完成，如图 8-141 所示。

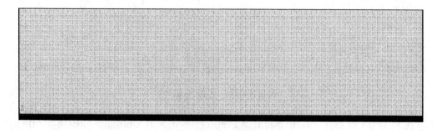

图 8-141 网格划分

6. 施加约束

（1）固定端约束：Main Menu > Solution > Define Loads > Apply > Structural > Displacement > on Lines，弹出 Apply U, ROT on Lines 对话框，选择最左侧 14 线，单击"OK"按钮，弹出 Apply U, ROT on Lines 对话框，选择"All DOF"，单击"OK"按钮，如图 8-142 所示。

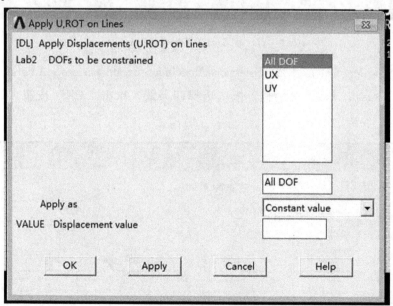

图 8-142 施加约束

(2) 施加均布荷载:单击 Main Menu > Solution > Define Loads > Apply > Structural > Pressure > on Lines,弹出 Apply PRES on lines 对话框,选择最上侧 34 线,单击"OK"按钮。弹出 Apply PRES on lines 对话框,在"VALUE Load PRES value"一栏中输入"3e8"(Pa),单击"OK"按钮,如图 8-143 所示。

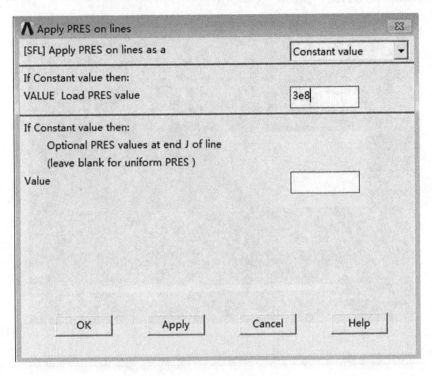

图 8-143 施加均布荷载

7. 求解计算

(1) 设定求解类型:单击 Main Menu > Solution > Sol'n Controls,弹出 Solution Controls 对话框,在 Analysis Options 区域的下拉菜单中选择"Large Displacement Static",单击"OK"按钮。

(2) 求解:单击 Main Menu > Solution > Solve > Current LS,出现图 8-144 所示运算结束。

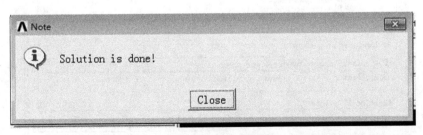

图 8-144 运算结束

8. 结果查看

单击 Main Menu > General Postproc > Plot Results > Contour Plot > Nodal Solu，弹出 Contour Nodal Solution Data 对话框，单击 Nodal Solution > Stress > Von Mises Stress，单击"OK"按钮，得到 Mises 应力云图，如图 8-145 所示。

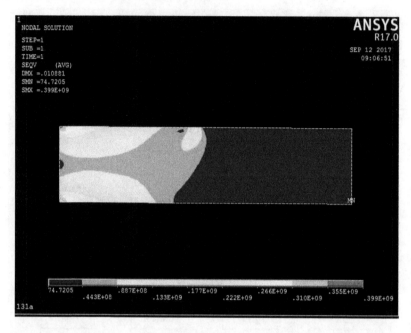

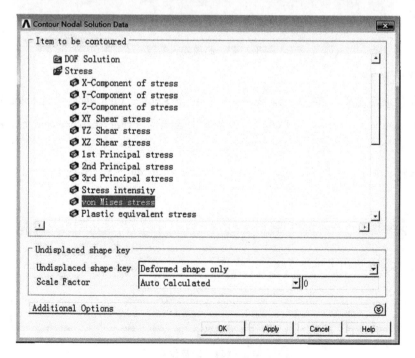

图 8-145　Mises 应力云图

参 考 文 献

[1] 曾攀. 有限元分析及应用 [M]. 北京：清华大学出版社，2004.
[2] 邵蕴秋. ANSYS 8.0 有限元分析实例导航 [M]. 北京：中国铁道出版社，2004.
[3] 刘浩，等. ANSYS 15.0 有限元分析从入门到精通 [M]. 北京：机械工业出版社，2014.
[4] 曾攀. 有限元基础教程 [M]. 北京：高等教育出版社，2009.